全息自然农法实践

何以兴农 著

中国农业科学技术出版社

图书在版编目 (CIP) 数据

全息自然农法实践 / 何以兴农著. —北京：中国农业科学技术出版社，2014.1（2022.7重印）
ISBN 978-7-5116-1381-3

Ⅰ. ①全… Ⅱ. ①何… Ⅲ. ①农业科学–研究方法 Ⅳ. ①S-3

中国版本图书馆CIP数据核字（2013）第221426号

责任编辑 涂润林
责任校对 贾晓红

出 版 者 中国农业科学技术出版社
北京市中关村南大街12号 邮编：100081
电 话 (010)82106638（编辑室） (010)82109703（发行部）
(010)82109709（读者服务部）
传 真 (010)82106708
网 址 http://www.castp.cn
经 销 商 各地新华书店
印 刷 者 北京建宏印刷有限公司
开 本 787mm×1 092mm 1/16
印 张 8.75
字 数 122千字
版 次 2014年1月第1版 2022年7月第7次印刷
定 价 49.00元

序 | Preface

第一次见到老何，是在中国农业大学人文与发展学院的办公室。

老何和他的同事们是应中国农业大学的邀请参与"农业部'948'计划——现代自然农法国际合作交流平台"的建设而来。老何自我介绍是合作社社长，我长期关注中国农民合作社的发展问题，知道合作社发展的艰辛，一个合作社社长既然能被邀请参与"948"计划的国际会议，一定是做出了不凡成就，于是便问老何道："你们的合作社做得怎么样？"

老何简单明了地介绍了他经营合作社的一些情况，听起来感觉很新鲜，于是我又问，"你们的合作社发展是怎么取得农民信任的呢？"没想到老何随口回答："人文关怀。"这跟我们学院的研究内容很贴近，于是我又追问如何体现"人文关怀"？老何便绘声绘色地给我讲诉了"一双红皮靴的故事"，简述了中国城乡居民的纯朴情感与内在的需求，并由此激活了一项产业。我们交流得很愉快，之后就开始关注老何的博客。老何是一位特别真实的合作社社长。在我的印象里，老何对农业、对自然农法到了痴迷的程度。这可能是他克服重重困难到处推广自然农法，又痴迷出版《全息自然农法实践》的主要原因。

这是一部倾注了作者心血的书，字里行间是充满着感情。书中不乏积极进步的思想认识，还使用了尤为鲜活的语言，是一部接地气的生态农业实践和感悟，如同一碗"心灵的鸡汤"。对自然的态度、对生产者的态度、对消费者的态度等均在其中。这部书也努力实践着"人文关怀"即"经营人心、销售人品"的理念，这恐怕就是老何出版《全息自然农法实践》的真正追求。

《全息自然农法实践》从生态农业的技术原理层面展开，结合活生生的实践故事加以印证，让所有接触自然水土的人或者分享自然产物的人，很容易对周围的一切产生一种敬畏、欣赏和爱戴的友善态度，这也正是她存在的价值和意义之一。

中国五千年的农业文明传承，为我们反思农业种种问题积累了宝贵的智慧。这种基于回归自然，保护和传承优秀传统农耕文化的高度责任，值得我们为之欣慰，还有像老何这样的一群人为我们默默坚守着传统，并在现代化中使之发扬，令我们激动。正如老何在他的博客中宣称的那样——"以保护和传承传统农耕文化，以感恩大好河山及祖先智慧对我们身心健康的养育之恩"，这里已经渗透着生态文明的灵魂。

《全息自然农法实践》的正式出版，是基于现代农业转型升级及带动农民共同谋求发展的实践总结而成的，因此，是实践着的和充满活力的。其价值不仅在生态农业的技术方面为广大农民朋友带来新的理念，还可以为农民朋友组织创新提供了富有启发性的思考。书中的不少认识及观念，能让更多人领悟到真善美的力量，值得我们广大农业爱好者去学习。更应该学习的是老何这种善于探索和思考的精神，祝愿老何和他的同事们在未来探索的道路上取得更大的成绩。

中国农业大学农民问题研究所　朱启臻

2013 年 10 月 1 日于中国农业大学

目 录 | Contents

第三章　践行全息自然农法感悟

第一章

结缘全息自然农法

第一节
在原始森林里的收获

一、幼年结缘农业

命运有自己的密码，我深信"所有的巧合都是故意"，对命运的眷顾，我充满了感激之情。

张鸿渐，法国里昂大学博士和英国牛津大学硕士，国民党外交参议，1928年"济南惨案"先烈，当时的国民政府将他的抚恤费交给我爷爷代管并买了田。受此牵连，1962年我家成分被改划为地主兼资本家，父亲被调离所在单位，带着家人下放到湖北枝江蔬菜场。

就这样，我自幼从事着繁重的农业劳动，造就了我生命中的农业情结。

全家人厄运一直持续到1983年，那年我快满十八岁，父母才相继被平反昭雪，我们回到了城市里。

二、我在神农架的九年洗礼

回城后，我在当地印刷厂工作。工作不到一年，发现这并不是我想要的生活。后来，受朋友邀约合作开办实木地板厂。我的工作是砍伐林木，我在这个行业里干了9年，足迹遍及神农架、五峰、鹤峰等原始森林，长期率队行走在鄂西森林里大规模的砍伐林木，组织生产实木地板原材料（图1-1）。

刚开始工作的前几年，农民因伐木有了收益，我们很开心。可到后期，就近的树木被砍伐一空，各大木业公司就组织山民带上干粮，抬着柴油机，到更远离人烟的地方去伐树。因为没有道路，就人工架起索道，把一根根分割好的原木放到山下改成片状的小毛板，再把这些毛板背回加工厂。

图1-1　曾经在神农架伐木的场景

看到那些让人无比敬畏的参天大树被锯成一片片小小的地板，内心的痛惜越来越强烈，自我抵触的情绪也越来越重。而且柴油机锯树的尖叫刺耳声总是令人心情烦躁不安，但无论愿意不愿意，这种高分贝的噪声总是跟魔鬼一样死死地缠绕着我，无法躲开。

1998年的夏天，傍晚我们路过神农顶时，车突然坏了，折腾了很久也没有修好。路上也一直不见有过路的车……我们挨到半夜，气温开始骤降，每个人都冻得嘴唇发紫。大家好不容易找来一些柴火，可怎么也点不着，最后放了些柴油才点燃。但我们烤着胸前，后背还是冰冷冰冷的，烤着后背胸前更冷。蹊跷的是天刚亮，一个伙伴哆嗦着回到车上，尝试着打火，车竟然发动起来了。

这次经历令我等终生难忘。

三、在原始森林九年的发现

原始森林没有农药，没有化肥，数不尽的参天大树又是从哪里获取的营养？

各种各样的生物生长在一起，为什么总让人感到那么和谐……

经营实木地板期间，我常常是几个月不出山，吃住在农家。与我们交流最多的是农人、农事、农活及大山，而我们思考最多的也是原始森林的那些神秘传奇。九年的时间，加之又处于思想最活跃的青年阶段，想不喜欢、想没有收获都困难……

高挂在神农坛的《炎帝八大丰功伟绩》（图1-2）常常拷问着笔者的内心。时常面对那撕心裂肺的油锯的尖叫声，心里常生一种难以形容的滋味。当经历过神农顶的冰冻之夜后，我便毫不犹豫地放弃了经营实木地板的行当。

图1-2　炎帝八大丰功伟绩

第二节
十余年的极品化生产实践

一、自建椪柑园

失业回家后，一个个非常严重的问题便接踵而至，那就是几乎所有的食物味道都让我感到特别不对劲。那个时候，还没有垃圾食品之说，但食不甘味的生活令我越来越烦躁，时常责怪老婆不好好做菜，脾气暴躁得连自己都不敢相信。一次老婆正在看电视，争吵中我毫不犹豫地把电视扔到楼下，还把家里的家具砸个稀烂，而后，我离家出走了。

在神农架的日子过得太久，我身体的每一细胞对神农架食物的记忆过于深刻，因而故意排斥和抗议其他食物。离家后，我开始四处寻找适合自己口味的食物，而且专往农民朋友家里去，去了就不想走，成了一名典型赖吃赖喝的角色。

1999 年的下半年，一位农民朋友告诉我：村里有一百多亩（1 公顷 = 15 亩，1 亩 ≈ 667 平方米，全书同）荒废多年的柑橘园可对外承包，我拍拍脑袋就答应包下来了。

从此，我怀揣无限美好的向往，再次走进了山村，追寻着神农架的食物味道，我开始过上自由自在的日子，还一边做着打造世外桃源的美梦。

二、杂草的故事

百亩柑橘园，足足两个大山头，随便施工一下至少就要上万元的开销。所以，选择任何管理措施对于我来说，都必须算了又算，省了再省。这就是"全息自然农法"的雏形——又快又省地搞好生产管理，而且这都是给逼出来的。

通常，得请几十人忙活好几天才可以完成人工锄草，但请来的人刚刚撤走，杂草就长还了原。

这让我们感觉太不值得，必须寻求省力的办法，很快"亮兜"一词被我们创造出来。所谓"亮兜"，就是只清理果树根兜附近影响果树呼吸及光照的杂草，而对其他并不碍事的杂草完全放任它们自由生长。但杂草终归是杂草，放任的杂草大多长到50厘米左右时，就停止长高而进入生殖生长了，这根本影响不到果树。因此，果园的锄草工作很快就变成了只针对那些高秆、灌木、藤蔓类杂草，工作变得简易多了（图1-3）。

图1-3　杂草与果树相宜共荣

渐渐地，锄草跟抽槽施肥、改土等工作又紧密联系起来，杂草成为抽槽后最好的回填材料而变成了果树的养分。受此启发，田间的其他各项管理措施也开始相互兼顾，尽可能做到"一举多得"。

从放任杂草开始，到把田间管理措施相互兼顾起来并力求一举多得，田间管理便越来越粗放，而且树势越长越好，果品质量也越来越高，因此，逐渐发现了越来越多值得深入反思的自然现象。

"种阳光"的认识就是这样被激发出来了——田间的杂草只不过是见缝插针，把我们无法利用或者说是白白浪费的光能充分利用并储藏起来，再回馈给我们的作物，这应该是大自然的恩惠呀。事实证明这种认识是正确的，因为杂草不但替我最大化获得了阳光等自然能量的转化和积累，同时还维护了果园里的小气候环境，提供给小动物非常良好的生存空间，最后还能活化土壤，我何乐而不为呢？

"肥田长猛草，猛草又肥田"，杂草是宝不容置疑，并让我疼爱有加。充满无限生机的杂草，很快又为果园带来了无穷灵气。那就是杂草丛中，随处可见的各种益虫、野鸡、野兔等等小动物，而且越来越多，层出不穷。

另外，果园的杂草多了，附近牛、羊可真就惦记上了。这对我来说，可是不小的麻烦。从前锄草的主要工作很快变成了护草工程，常常因为牛羊在果园里损坏了果树而跟放牧的老人们闹别扭。

放牛、放羊的那些老人们不但不听劝阻，反而总拿我开玩笑，说什么"已经不是我在放牛（羊）了，而是我的牛（羊）一出门，就牵着我直往你这里跑，我也没有办法嘛。哈哈，你别生气才好。"

附近放牛的、放羊的老人们，已经习惯性的一出门就直奔我果园而来，还传言"牛羊吃了柑橘园里的草更能长膘"，这种传言跟长了翅膀一样很快在周围蔓延开来，造成大家对果园的"骚扰"越来越大。外加那些摘野菊花的、白天挖蜈蚣、晚上捡蜈蚣的农民，也跟丢了魂似的总爱到我果园周围转悠。我的果园逐渐变得热闹非凡，真是太为难我了。

现在可以肯定，那些可爱的爷爷奶奶大叔大婶大哥大嫂，即使没什么事情，如果不来我地里转悠一圈，肯定心里跟丢了什么东西一样会感到不踏实。这就是我要说的"灵气"，我自己也特别有感受，每天天黑我才回家吃饭。我体验着与植物世界的交流，那种总想摸摸果树、摇摇果树的习惯几乎转化为本能了。和它们打个招呼，这样的感觉很美很美。整个果园里的一草一木，都得到了我的精心呵护。

说实话，每年椪柑成熟的季节我都没有守护过果园，也从来没有发现有偷摸的现象。可这杂草，是千百年来农民共同认为没有用的物种呀，我再怎么好说歹说，还就是没有办法让大家信服杂草也是宝。大家有事无事也都爱来找我聊天，特别是在杂草旺盛生长的那段时间里，几乎全村人都深深爱上了我的果园。乡亲们这种特殊的爱，可真把我折腾得够呛。没有办法，开始的时候，我是在所有进入我果园的路口处都立上大大的牌子，上面写着："刚打剧毒农药，鸡鸭牛羊小心！"

这招根本就不管用，我的果园依然越来越热闹，大家根本就不信有什么剧毒农药，何况老农民闻不到农药的味道呢。其实，大家早就识破了我这种太过幼稚的孩子式狡猾。

没有办法，我只好买来味道特浓、挥发性还特好的农药，藏在果园每个进口的草丛中。可我的小聪明仍然斗不过农民朋友们的慧眼，他们能立即闻出来我放的是什么药，甚至知道这种农药对牛羊不起任何作用，还好笑地对我说，这种农药专治牛羊的什么病。现在回想起来，农民朋友们肯定是在嘲笑我的小动作了，哪有农药能治牛羊病的道理呢。

我彻底服气后，只好投降了。我对大家说："只能在周边放放牛羊，千万别跑到我园子里头去了，别把我的土地给踩结了，也别把我的果树搞损坏了。"

说归说，但结果仍然是牛羊自己奔入果园，一不小心甚至跑得连主人都寻它们不着。

我如此视草如命，可见我的果园是什么景象了。

大家不难想到农民会怎么评价我。刚开始的时候，大家一致认为我不是在种地，而是在种草，是在好玩，还都说城里人就只知道烧钱。

有一次，一位农民问我："你为什么不在城里享清福，偏跑到农村来受洋罪？"

我解释说："只为换一种活法而已。"

当时我也不清楚这句话是怎么蹦跶出来的。可能是由于我的回答太过轻松，当时也找不到适合的回答。那知这句话跟长了翅膀一样迅速传开，我因此一度成为地方上人们茶余饭后的笑柄。

"只为换一种活法而已"，现在回忆起来，还真是这么一回事呢，生命的快乐难道不正是在体验劳动的过程中所蹦跶出来的吗？

有一天，我例行在果园内巡查，附近正在修高速公路，去修路的一大群人路过我的果园。他们一看到我的果园，就听见男男女女议论开了：

"哈哈，这是种的什么田呀？"

"这是在种草原呀，哈哈。"

"城里人除了会烧钱，还会什么呢？"

"这该浪费多少肥料呀，唉……"

"懒汉都这样的，没有什么好奇怪的，玩玩新鲜后就回老家了。"

有趣的是，到了年底，当我满山遍野的椪柑开始发红（图1-4）的时候，还是这帮人，他们修路下班回家，记得当时他们开着小四轮的拖拉机，车上还坐满了人，我仍然是在果园内巡查。

只听见他们一进入我的果园就惊呼起来：

图1-4　椪柑园的丰产情景

"我的妈呀，田原来是他这样种的。"

"哎呀，这不有好几万斤呀。"

"妈呀，好标致的果子。"

我心里觉得好笑地从林间走到路边，只见那些坐在车箱里的农民都站着，手上的动作还非常夸张，那不是在摘椪柑，而是抱着椪柑树的整个枝段在使劲地往下拽，口里还一边吆喝着，"快拉、快拉、车开慢点、车慢点开……"

我见状，心疼得要命，因为刚听到他们的惊呼，心里还偷偷乐着，所以只好笑着说："大家慢点、慢点呀，椪柑可以随便摘了，都可以摘，吃不了的兜着走也没有问题，可别弄坏了我的果树呀"。

大家相互一笑，随之赞扬的话语就迎面而来……

"好厉害，你这下发大财了吧。"

"你什么时候也帮我把家里的果树弄成你这个样子呀？"

"把你的技术也教教我们吧。"

丰收的喜悦就这样分享着，传递着……

农村有句俗话："过细过细一个大屁，毛搞毛搞一个元宝！"——这恐怕是"全息自然农法"最原始的理论依据了。

三、虫子的故事

农业种植还有一项十分重要的工作就是防治病虫害。

开始的几年，我睡觉几乎都是半醒半着的状态，琢磨着对付虫子方法。后来，对果树及各种害虫的发生、蔓延规律我都研究了一个通透，慢慢地就不再担心害虫危害了。

"允许一定程度的危害"——这是我从专业书籍上看到的一句话，这里的"一定程度"说得很含糊，但这句话且成为我偷懒的最好借口。

大胆放任的蚜虫，还没等过完夏天就自动消失了，而且危害程度并不大，受到危害的枝梢后期的表现反而更好（图1-5）。

图1-5　放任管理后果树自然生长的情景

大胆放任的潜叶蛾，啃食了秋梢（结果母枝）上的全部叶片，但这些枝梢第二年开花、坐果的表现反而更让人满意。

蚧壳虫一年只有四代，发现果树感染了蚧壳虫，就立即剪弃整个枝段。

锈壁虱一年有二十多代，发现锈壁虱造成的灰果就及时摘掉，就能控制住它们猖獗泛滥。

理论上红蜘蛛害怕夏季35℃以上的高温……

以上都是柑橘果树的主要害虫，而且均有不少的天敌，在杂草丛生的果园中，种群数量均能受到天敌的控制。而且随着放任的时间越久，各类虫子均越来越少见。

2004年7月中旬，市农业局、林业局、国营林果场场长和有40年柑橘管理经验的老专家李选伦老师等人来我们果园调研考察，当时的情景至今仍然历历在目。

椪柑果园里似乎释放着幽幽的蓝光，整齐的果树枝梢吞吐着阳光。寂静的果园令人感觉有点阴森森。夸张点说，独自走进这个果园会感到害怕，还真有点原始森林的味道呢……

调研考察大队一行来到果园，大家边走边看，慢慢就夸赞起来："厉害，这么大的园子怎么没有看见你请人呢，就你们两口子做的吗？"

我说："刚开始是请了七八个工人，完成了水利道路等基础建设后，就改为在忙时季节请临时工了。"

他们之所以说"厉害"，我知道，无论是谁，只要是把果园景象全部尽收眼底的时候，谁都无法相信，这是两个懒得出名的人做出来的效果。

大家七嘴八舌地开始询问开了。

"你用的是什么肥？"

"你打了什么药？是用什么叶面肥了吧？"

我回答说："我什么药都没有打，我天天在地里转悠，发现虫子逐渐少了，现在几乎看不见什么虫子了。我是去年年底下足了饼肥，还收来很多秸秆把全园覆盖了，今年一直干旱下不了肥。"

听到我说没有打药，大家很惊异，他们不相信。老专家虽然从开始就要求我搞有机种植，但仍然不大相信我真的没有使用农药、化肥，他立即要我去找把锄头来。

我问："您要锄头做什么用？"

老专家且回答说："我们要看看果树根系的发育情况。"

我说："看根系，那就不用找锄头了。"

我在心里暗自嘀咕，还真有这样刨根问到底的人呀。我伸手到草丛里掏了几下，顺手就拉出一大把根系来。全体调研人员更为兴奋，全围了上来。

老专家立即对农业局长说："快拍照，快拍照、这就是我一直强调的果园生草后的根系标准，系根发达而主根少，而且生态系统还恢复得更快。"

听了这话我才感觉到，或许我的懒惰，无意中闯入专家对果园新技术研究的领域了……

对付虫子我还有一个歪理：虫子的危害毕竟是有限的。那么，为什么我们不可以采取多供给养分以促进植物过量生长，把过量的部分养分作为富裕留给虫子呢？就是这个非常简单的想法，使我放心地采取了放任管理，还简称"最大限度尊重作物自然生长规律"，后来，我们"坚定不移地走极品化生产道路"之说，正是源于这一思想。

2012年3月开始，我们特意在上海某柑橘公司的大面积柑橘场中，承包了55亩柑橘果园进行对比试验：我们的果园全年不使用农药，相比柑橘公司全年20次以上的农药使用频率，至今两者并无明显差异。

四、大兴水利

水是农业的命脉，特别是耗水相对更大的果园，我们对兴建蓄水库的渴望可想而知，但苦于耗资过大，不敢轻举妄动，只能提前规划。

在果园山顶上，有一块空地，正是我们规划蓄水库的地方，计划冬闲季节做成地下储藏库，春夏季做成水库，旁边做成人居别墅，以保证生产、生活两不误。

当时，正好附近在修建高速公路，需要大量的土方，施工方主动找我们买土，而且越多越好，这下可真乐坏了我们（图1-6）。

图1-6 高速公路的施工队免费帮助我们开挖的山顶水池

我们就在这块空地设计了一个大约长 60 米、宽 40 米、深 5 米的水库，土方免费送给了工程队，并要求他们把在附近林场挖出来的草皮、塘泥送给我们。这样一来，等于同时解决了双方的两个大问题：他们要土，还要废弃物的倾倒场，而我们要水库，还要腐熟的活土。

施工队安排了四辆挖掘机及 23 辆运输车，足足工作了四天四夜，在我的果园最上方挖了一个很大的水库。我们用了 3 台套水泵日夜不停地提水，足足忙活了一个星期才把那个水库里的水灌满。而且，刚开始的时候水库里的水渗透得较快，之后，我们又补抽了一次水，才慢慢稳定水位。这样，果园的生态环境系统等于拥有了一个尤为重要的元素。而且，高处的水自然渗透刚好唤醒了沉睡多年的果树，后来全园兴旺均得益于这个水库。

这里，还有一个水利系统建设的好案例。

在我果园的最下面，有两亩多地的果树，记得是 176 株。我们来之前是邻居大爹承包的，他告诉我说："人家承包的果园，多少还够自家人吃的，而唯独我这里的果树，从来不结果，跟有鬼一样。"

如果我们是认为它没有产量是因为兜（积）水，那就大错特错了，因为顺这块果园往下还有山坡。

开始我也不明白，为什么这块地里的果树真像是跟人有仇一样总是憋着劲。我对它也是格外用心，可它就是没有良好的表现。我气它不过，下狠心给它加宽加深了围沟、腰沟。

就是这个自己也不知道是为了什么的开挖行为，使这块果园在第二年突然亩产过万斤。这让当地的老百姓把我的技术吹得神乎其神，名声在外，经常有许多远方的果农朋友慕名而来。

这一现象让我觉得，土地是需要呼吸的。因为，我们深挖沟渠时发现，15年前建园时抽槽置入的灌木还没有腐烂，这不正是因为呼吸不畅造成的吗？新挖的深沟刚好让这片果园土地的呼吸系统得到疏通。

在农村有"高一寸是田、低一寸是水"的说法，恐怕就是这个道理。后来，我们协会的主产基地是一块小平原,唯有4户会员的果园集中在一个小土包上,恰恰这四户的果树相比其他会员的果树大了2～3倍,产量也高出许多。

这里所说的"大兴水利"并不是为了方便排灌,从"允许一定程度的虫害"开始,我们逐渐也尝试"允许一定程度的干旱",保证在作物可以承受的局限内能提供适当的帮助即可。我们不能"总是心太软",得"最大限度地尊重自然规律"——"极品化生产"的核心就在于对这个"一定程度"的把握技巧上。

五、产品品质赢来的自信与骄傲

说到产品的品质,我这里有一个值得骄傲的故事。

每年我都要给那位辅导我的专家老师送椪柑,顺便还捎上一些香油、土鸡等。

2002年是我们试挂果的一年,我特意准备了一箱椪柑、一壶香油和几只公母配对的土鸡,送到老师家。我知道老师不稀罕椪柑,因为给他送椪柑的人太多。当时,我也不知道我的产品是否比人家的更好,反正是自己产的不在乎。

来到专家的家,只见满屋子都是椪柑。我只好说:"请您尝尝我椪柑的味道,再给些建议。"

老专家顺手拿了一个,剥开尝了一瓣,立即惊讶地问我:"这是你地里的果子吗?"

我说:"那是肯定了,难道我自己种椪柑,还去买人家的来给您?"

老专家连声说:"好,好,真好!你等等,我先去打个电话。"

老专家的电话在卧室呢。

电话是打给市农业局长的,老专家立即请他赶快来一趟,我不知道有什么事情。老专家回头告诉我说:"农业局长要带队送椪柑去北京参加一个非常重要的评比活动,我家眼前的这些椪柑都是下面基地认真挑选来的,我们刚刚挑出一个质量最好的,但比起你这个椪柑,口感就差远了,所以,请局长过来一下,立即去你家重新再挑选一批椪柑去参加这次评比活动。"

没有比这更好的评价了，我很高兴。其实，谁的椪柑参加评比对我来说没有什么，我高兴的是老专家这一举动是对我那套种植方法及技术的最大的肯定，证明我的椪柑品质超群（图1-7）。

后来，农业局长参加评比回来，老专家还特意打电话告诉我："评了个金奖。"此事从政府内部传开后，政府礼品渠道上就一直在用我们的椪柑了。

图1-7　大小一致的果实能证明其品质的优异

我也是后来才明白，为什么一些朋友的孩子后来总是吵着要吃何叔叔种的椪柑。后来我不种椪柑了，个别孩子从此就不再吃椪柑了。这成为我一个不小的遗憾，感觉是自己亏欠了这些孩子们。特别是我的父母，第一年就自留了2 000多斤椪柑硬是不让卖，一个春节前后就消化得干干净净。一次，父亲单位的一位老领导家访到我家，吃了一个椪柑后就惊讶地问道："这是什么橘子，怎么这么好吃？"

我父亲告诉他说："这是我儿子种的椪柑。"

那位领导不信的说："椪柑我吃的多了，但都不是这种味道呀。"

还有我那可爱的外甥，因为距离较远不方便提供，在处理一批尾货的时候，我特意给他带去不少，还多留了几筐放在他的小床下，哪知我们都忘了这件事情。后来，已经进入夏天了，小孩子在家玩球，球滚到床下，孩子找球时才发现床下还有椪柑，说是好吃得不得了。我妹妹非常惊喜地打电话给我汇报椪柑的口感，还说"一个都没有烂"。每次大家回忆起这段往事，口水都快流出来了。

我孩子的舅舅，由于担心他家两个孩子吃得太快，把我送到他家的椪柑分散藏了很多地方。等到了夏天，他家要摘棉花了，在寻找花包的时候才发现一个角落里面还有一筐椪柑，他特意转告我说，保存到那个时候的椪柑是如何如何地清甜、爽口，吃来很舒服，还没有发现有烂的。用舒服来比喻味道，看来我们只能去意会了。

关于产品品质的效果，我不知道下面的故事能证明什么，但今天不说，我心里憋得慌。这是一个我不轻易对外人讲过的故事，大家就当是当时的医生诊断错了吧。

每年 10 月，椪柑接近成熟至采收前，我都会请我的老丈人来帮忙，而且主要就是避免牛羊进入果园后伤害到果实。2004 年，又到了椪柑接近成熟的时候，我那老丈人身体突然出现状况，浑身浮肿，刚好我妹夫的幺爹是部队转业的老军医（现已退休），在市第一人民医院负责 CT 室的工作。有此方便，我自然把老丈人送到医院做了个全身扫描。就是这一查，问题严重了。幺爹告诉我们说："是胰腺癌，癌细胞已经大量扩散、蔓延，没有几个月的寿命了（这个拍片我们一直保存着）。"

这个情况是万万不能让我那老丈人知道的，因此，原计划请老丈人帮助守护果园的安排自然不敢突然取消，可老丈人随时都可能有生命危险，大家担心之余也没有想到更好的办法，最后决定由我做好两手准备。我一方面按照原计划把老人请到果园，另一方面买些并不是药的保键品，每天做些老人喜欢的菜肴并不让他劳累。

果实在这个时期，是最容易产生裂果的，大量接近成熟的椪柑果皮自动开裂，扔了可惜，但吃起来又特别酸。可我那老丈人还偏爱吃这个，每天在地里转悠，与附近的老人们聊天，听别人夸赞自己的女儿女婿，分享着丰收的喜悦，天天晚上还带回不少裂皮的椪柑独自享用。

逐渐我们开始感到纳闷了，老人的病情不但没有恶化，反而浮肿开始消退，脸上也渐渐泛起红光，前后总共还不足两个多月。因此，椪柑采收工作一结束，我就立即带老丈人到幺爹那里去复查。幺爹仔细检查后，脑袋直摇晃，口里还唠叨地说："不可能、不可能，这怎么可能？这不可能？"

原来，癌细胞不见了，我老丈人的病情完全好转。后来，我专门为此事上网查询，也说很甜的柑橘有一定的抗癌功效，但我始终怀疑，即使真有这样的功效，怎么也不可能如此快就能见效呀。所以，这件事情成为我每次与幺爹见面后探讨的焦点，因为我需要找到足够的证据来证实这个故事，并借此推销我的产品呀。

也可能是因为看到了孩子们的成功在望，老丈人无形中获得了特别有效的心理疗法，才促进了病情的好转吧。良好的自然生态环境和人文环境，或者就是最好的包治百病的灵丹妙药。后来看完朋友发来"癌症不是病"的论文，我完全赞同里面的说法。

2004年是我们椪柑大丰收的第二年，在我打扫仓库迎接丰收的时候，发现仓库中间的隔墙上有几个枯萎的椪柑，明显是因为脱水而不是腐变造成的干枯，这引发了我研究自然种植法的极大兴趣。

前几年，我们在浙江三门，发现按照有机生产标准种植的黄秋葵的保质期也很难超过3天。2011年在武汉天真园又发现，全息自然农法生产出来的黄秋葵，随意地扔在地上半个月竟然没有出现任何问题，联想到早期我们的椪柑只枯萎不腐烂的现象及日本"傻瓜木村"提到不烂的苹果之说，我们2011年的11月11日又特意从神农架带回了市场上零售的野生猕猴桃自然存放一年后，该野生猕猴桃只是枯萎但无一腐烂变质，这足够说明，只有野生或仿野生的自然农法结出来的果实，其果实的生命力及其品质才是最卓越的（图1-8，图1-9）。

图1-8　自然存放3个月左右的猕猴桃及野果

这种放任式的管理方法所生产出来的产品能如此耐储藏，还有更好品质，真的值得惊喜。因为，我在提前了解市场、发展客户期间就得知，几乎所有经营过椪柑的人都遇到因为大量储藏椪柑而腐烂的问题，而且这种高品质椪柑在市场上快速赢得优势，为后来发展协会、合作社奠定了良好的基础。

图1-9　自然存放到2012年8月26日的猕猴桃及野果

2006年第8期《世界农业》杂志的封底刊登我们的品牌（图1-10）后，还有一位北京的陌生人给我们汇来一万元钱，解释说是支持我们发展事业的，这一善举一直激励着我们不敢放弃这份执着。当然，现在我们早已经是老朋友了，这笔汇款现在仍然静静地躺在账上，像是一双眼睛，时刻盯着我们，更像一根鞭子，时刻鞭策着我不敢有丝毫的松懈和怠慢，更不敢偷懒，后来也激励我要到北京去建一个自然农园。

图1-10　在2006年第8期《世界农业》杂志上公开承诺："我们坚定不移
走极品化生产道路"

六、自然农法源于自然、回归自然

图 1-11 所示为长在我家后山垂直绝壁上的一颗老树，20 世纪 70 年代中期，我的老婆出生的时候，老丈人砍掉了上面的枝干，而现在能看见的所有枝干都是后来长出来的。

长在垂直绝壁上的这棵老树，没有土壤，甚至没有正常立足的地方，连石缝都没有发现。那么，它是怎么长出来的呢？又是如何抵抗狂风暴雨、多年侵袭的呢？它的生存智慧在哪里？

图1-11　逆境百年——长在垂直石壁上的树木

这就是生命！甚至是没有办法按照常理来解释的自然生命！践行全息自然农法过程中，参读它能给我信心和勇气。它带来的思考和启发，更可谓取之不尽，用之不竭。就在它的上下左右之间，我寻找着它顽强生存下来的种种玄机，挖掘自然生命魅力的源泉。

早期在神农架，类似的发现也不少。自然万物的生存智慧让人敬畏。每当看到农村大田作物被虫子侵害得面目全非时甚至颗粒无收时，我总感觉是种植者在什么地方弄错了，因为神农架拥有各类植物3 700多种，是中国南北植物种类的过渡区域，从来没有看见什么植物有过太严重的虫害。

全息自然农法正是在不断的发现自然的基础上得来的。

我觉得神秘而充满生机的神农架可以复制的。这就是我为什么偏偏爱好农业的全部动机——完全依靠自然的力量生产出地道的食物来，那该是一件多么喜乐的事情？全息自然农法食材森林的灵感就是在这种思想的影响驱动下建立起来的，之后便一发而不可收。特别是离开神农架后，我总觉得自己一下子丢了魂。所以，有机会之时我毫不犹豫地开始打造"生命第二居所"实践体验。

当时父母拼命反对的情况下，我也没有丝毫的动摇。哪知后来父亲去农庄看我，酒桌上突然对我找来的陪客问及他的同班同学李选伦老师来。凑巧的是，这位陪客又刚好跟李选伦老师工作在同一部门并非常了解。

李选伦老师就是当时全市唯一的柑橘首席专家，从事了 40 年的柑橘研究并亲自指挥建设过很多大型柑橘场。

这就是我说的"运气"——老师送给我大量现代农业技术书籍，并亲自辅导我对老化的柑橘园进行换种、改造。初期，我一本正经地按照老师给我提供的有机标准按部就班地开始生产实践，渐渐地我觉的那种又笨、又累、又烧钱的玩法并不是我想要的。

我在承包的果园边上买了一套民房，在农村称其为屋场，占地三亩余，预备以后改建成自己养老的居所。刚开始的时候，这里就成了我的"果蔬母本园"，只要是我方便采购到的果树及农作物，在这里应有尽有，什么样的蔬菜都有种植，还有樱桃、桃、李、杏、柿、枣、柚、橙等，每年都有吃不完的水果，还各自建有管理档案。我想先给自己建设一个花果山来。而且，我在其中还划出了一小块地做实验田。

园内有一个小水坑是人工挖出来的，不足 30 平方米的水面有两米深，而且用山里的石头码砌得很整洁。水一直很清澈，里面放养了很多从水库买来的鱼，要吃的时候，只要用根棍子在里面搅几下，鱼儿就自己飞到岸上来了。因为山顶上有一个很大很深的水库，所以，给这个水坑换水特别方便，进出口我都预埋好了水管。大门口就是排灌渠，经常也有水，是漳河水库里的天然饮用水，还是流动的。

别小看了这个水坑，它是整个院落的生态链的核心，我收集了很多青蛙放在里面，为的是对付种在院落里的蔬菜害虫。动物我也养了不少，但都只养一对。例如鸳鸯鸭（俗称旱鸭）、鹅、羊、猪等，都是常规养殖品种。我只是好奇，想对它们多点了解而已，后来以养土鸡为主，每年养 500 只，因为土鸡很多，母本园里的杂草就没有了，园里的视线很好。后来为了让地里生草，还专门给土鸡网出一条走道，让它们直接上我的大果园去觅食。

平时，我特别关照这个小母本园，谁家的鱼塘死鱼多了，我就弄回来埋在果树的周围并跟踪做好记载，我要的是产品在口感上的突破。

这个小母本园里的那块实验田，就成了我实验科学种植技术的实践基地。

慢慢地我自作主张地进行各种对比试验，有些试验甚至是破坏性的，例如，对于植物生长激素的试验，各种激素及其不同使用浓度的对比，我还真没有少做。而且除椪柑外，自家小农园的各种蔬菜、其他果树均没有逃脱这种破坏性的对比试验。在那段时间里，我痴迷于对比检验农业科技，几乎所有的新技术都亲自实验过。尤其是激素（这个农民都会），我实验过所有的激素，并且是不同浓度的对比实验，清楚地知道激素的厉害。

莴笋喷了920植物生长激素后，很快可以长到一人多高，只有皮和叶而没有了心，叶子还拉得细长细长。一颗野桃树喷了激素后，我发现满树只长桃核而没有皮和肉，来年地上长了桃树幼苗。还有柚子，涂抹了920激素后，长到脸盆一样大，我独自还不舍得吃，特意弄回家想和父母一起享受我的科技成果。结果，打开了一看，肉心只有拳头大，原来也只有皮，口感还跟木渣一样。

其实，正是这些破坏性的试验让我明白：农业也该倡导职业道德。

而另一方面，我反其道而行，完全模仿神农架没有农药、没有化肥、没有锄草的管理方式，渐渐完全放任，这才叫真正的回归自然。所谓"极品"，是从超市服务员的口中最先叫响的。她们说：你的椪柑比任何精品椪柑的味道都好，所以我们挂上极品的招牌……

七、自然农法从农民中来，到农民中去

技术，需要把一细化成十，方能说清楚；而技巧，需要把十合成一，方可见成效。而且，专家偏重理论技术，比较不惜成本；农民偏重实践技巧，比较在乎投入。对比实践中发现，农民对于生产成本的控制绝对到位，技术与技巧之间的断层距离还真不小。

而且，自己跟自己的对比试验，并不能满足差异性数据采集的特殊需求，这就需要我们广泛寻找其他种植户的不同管理案例，这里暗藏着另外一种机缘。

我承包的农园距离我家大约80千米，其中，有3条道路可供选择，刚好这

3条路都必须经过辽阔的柑橘大产区。这给我提供了极大的便利，可以顺路随时获取广大果农们各种不尽相同的管理案例。

沿途我没有少拜师，因为平均每周我得回家一趟，给父母及孩子送菜。

"向农民学习、学习、再学习"，这是我当时发自内心的呼唤——我真看上了广大农民千奇百怪的各种实践案例，收集整理农民的生产经验，让我乐此不疲。这就是为什么说全息自然农法是"从农民中来"的全部依据。

我们的椪柑被当地政府当样品送检获奖并进入礼品渠道，紧接着"极品椪柑"在超市叫响，使我们在整个产区的名气越来越大。从2002年我们有了自己的产品开始，我和后来的合作伙伴就自命名为"椪柑产销者协会"了，当时只为印发名片而为，并未正式登记注册。

谁知道销路一下子打开，产品供不应求，商贩及超市等紧追着要货；而另一方面，带着礼品登门请教的果农更是络绎不绝；双向需求促进我们及时到工商行政管理局登记注册，伴随《中华人民共和国农民专业合作社法》顺利出台，我们获得了空前发展，而且几乎在没有任何投资的情况下，先后在当阳市、枝江市、宜都市又增加了3家柑橘专业合作社（图1-12，图1-13，图1-14），社员覆盖了宜昌、荆州、荆门3个地级市。

图1-12　当阳市育溪红柑橘专业合作社

图1-13　枝江市育溪红柑橘专业合作社

图1-14　宜都市育溪红柑橘专业合作社

我们一下子成为当地及周边"行业资讯的汇聚中心"。这可是一个不能小视的优势资源，每天都有不同的新问题、新喜悦、新兴奋点自动送上门来。

广大社员纷纷效仿并越来越深入地开始了极品化生产技术的研究和实践，种种更简、更省、品质更好的试验结果，均能在第一时间反馈到我们这里。得到验证后，我们又立即通过《会刊》发布到社员中去，一场轰轰烈烈的"极品化生产经验"在我们这里集散、再集散。全息自然农法从农民中来、到农民中去，这样在我们的手上反反复复过滤、流动、积累、沉淀、再沉淀……

1. 在生产方面，社员们比学赶帮超的气氛令人振奋

有一个非常典型的实践案例：当金塔村的沈先生得知我们椪柑口感好是因为使用了菜籽饼肥的缘故后，他在买不到菜籽饼的情况下，竟然"急中生智"，认为菜籽饼是提取菜籽油后的渣子，一定没有菜籽油好，所以他选择菜籽油来当肥料用。而且后来他给出的结果是整树上下内外的椪柑个头一样都很大（图1-15），口感也非常好。还专门替我们保留了一串一根不足20厘米的枝段上整齐排列着8个一样且超大的椪柑。

图1-15　社员沈先生在果园开心的样子

至于这种办法是否靠谱，是不是菜籽油的功劳，我们没有来得及验证。还有社员，冬闲时节聘请了三班人马帮助全村村民打扫猪圈，收集猪粪做堆肥，还有不少社员广泛收集秸秆做堆肥使用的。等等，各种各样的极品化生产实践结果均在第一时间反馈到合作社，图1-16为某社员家庭果园丰收的情景。

图1-16　合作社社员家庭果园丰收的情景

2. 社会影响较大

当时从地方到全省再到全国，各级政府均给予了我们不少的光环。全国首届中国新农村建设论坛上，协会被授予"促进中国新农村建设示范单位"（图1-17）。我本人被湖北省当阳市人民政府授予"农村拔尖人才"称号（图1-18），媒体也纷纷报道协会的工作成果（图1-19、图1-20）。甚至惊动了省地各级专管农业的领导特意找我们来调研，还多次把全宜昌市的农村进步人士集中到我们的办公中心交流座谈（图1-21）。

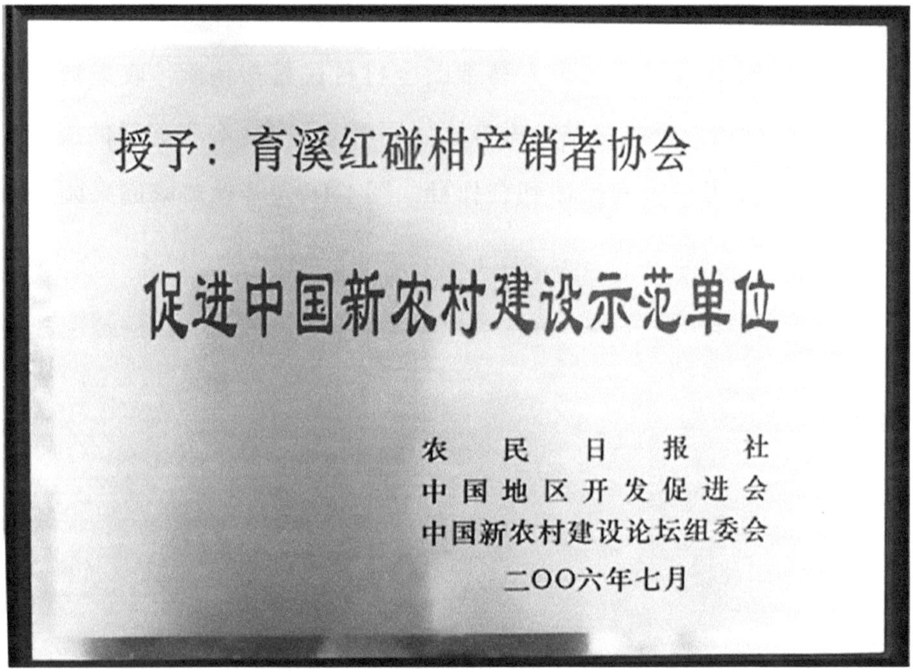

图1-17　育溪红椪柑产销者协会获得的荣誉

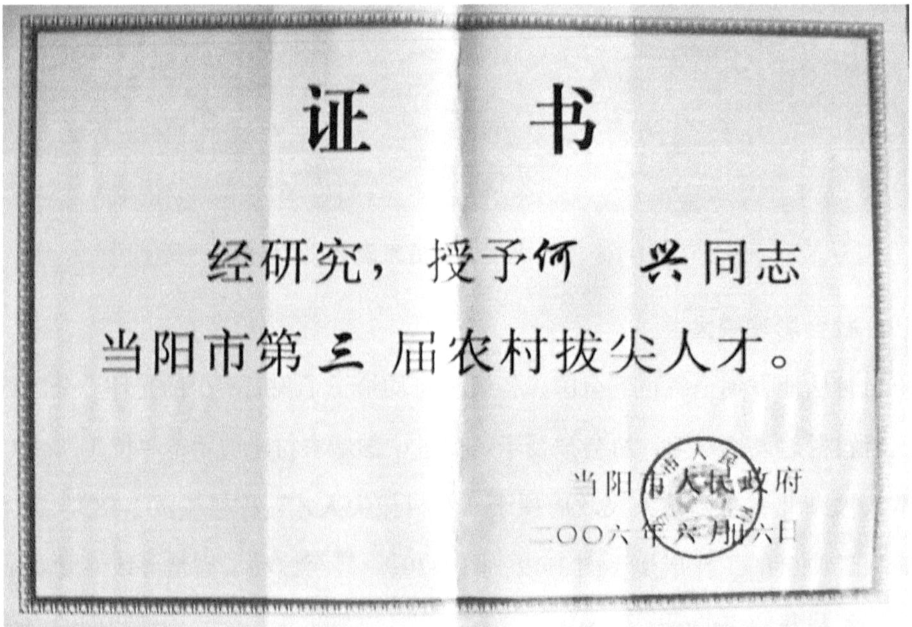

图1-18　个人荣誉

湖北日报

数字报首页·本期首页·多媒体报·高级阅读·退出
版面导航　标题导航　报纸订阅　在线换报　在线调查

文章搜索　　　　　　　　　　　　日期检索

2　　　　　　　　　　综合　　　　　　　2007.12.8 星期六

图文：整合借势天地宽
——看当阳培育乡风文明中心户3

当阳乃鄂西南柑橘之乡。金秋时节，漫山遍野的柑橘硕果满枝。这里的农户组成了大大小小的柑橘协会，"淯溪红柑橘产销者协会"是其中最大的一家，其分会有十多个，包括生产分会、农资供应分会、产品销售分会，在册会员达580多人。

协会会长何兴介绍，目前协会实现了"五统一"：统一生产标准、统一操作标准、统一包装、统一操作规范、统一品牌、统一市场开拓。"五统一，怎么统？"记者问。"感谢各级组织，他们鼓励乡风文明中心户进入协会，担起了统的任务。"何兴高兴地说。

在淯溪镇光明村四组乡风文明中心户黄练勇家中，一面墙上，挂着一张缀满硕大柑橘的画，详细地标注着"淯溪红柑橘产销者协会"的销售网络。上面显示，该协会产品已覆盖当阳市，并销往荆州、宜昌、荆门、宜都等地。

记者打开黄练勇房中的电脑，输入其协会名称，各种网上求购信息扑面而来。黄练勇说："凭借协会建立的网络，我今年的销售收入达到6万元，并带动30多个农户，生产、销售优质橘，收入稳定。"

图1-19　媒体报道——"整合借势天地宽"不断鼓舞协会团队提高行业认识

A2　2007/10/19　　宜昌新闻

"淯溪红"椪柑协会领唱致富经

本报讯（通讯员陈宗清）10月16日，当阳市乡风文明中心户、"淯溪红"椪柑产销者协会会长何兴，在九冲村指导会员郑以才对椪柑进行成熟前的最后一道防虫治病。目前，该镇1200名柑农加入"淯溪红"椪柑产销者协会，5000多亩椪柑通过该协会进行销售。

1999年，何兴从枝江来到淯溪镇，与人合伙承包百亩柑橘园，并换种椪柑。2003年，他的椪柑获得大丰收。为了打开椪柑销售市场，他背上万余张名片，从荆门、到襄樊、再到河南，一直北上，沿途到水果批发市场联系客户。

2004年，何兴萌生了带领周围柑农携手走市场，成立产销者协会的念头。柑橘产销者协会实行一条龙市场化运作，走产品联合采购、让产品从农村的田间地头直达城市的街头巷尾之路。该协会为每位会员传授柑橘种植技术，和会员联手抓好生产和销售等环节，由于协会统一柑橘生产标准和统一品牌，销售市场迅速拓开。"淯溪红"椪柑协会会员、曹岗村沈永山，由于文化低、胆子小，怕亏本，家庭经济发展缓慢。何兴二话没说，帮助他建椪柑园，并给他传授技术。2004年，沈永山收获果品两万多公斤，成了该镇的科技示范户。后来，沈永山又带动邻近的30多个农户靠种植柑橘脱了贫。

目前，"淯溪红"椪柑协会已吸纳会员586名，带动发展柑橘面积1.8万余亩，年带动销售柑橘6000多万斤。协会年创收入38万多元。

图1-20　媒体报道——"领唱致富经"不断强化协会团队的责任意识

图1-21   邻市领导组织柑橘同行上门交流的场景

3. 市场表现繁荣

2003 年度，4 位客户 3 次登门监督我们采收及处理，后来一定要高出产地价 0.3 元 / 千克收购我们的全部产品，依照他们所给的条件，我们的 150 吨的椪柑直接增收 4.5 万元。

2004 年，产地行情 0.72 元 / 千克，合作社社员产品销售价格 2.32 元 / 千克；2005 年，产地行情 1.08 元 / 千克，合作社社员产品销售价格 3.00 元 / 千克；2006 年，产地行情 1.24 元 / 千克，合作社社员产品销售价格 3.8 元 / 千克。对比此价格，如果除去成本的话，合作社社员一年的净收益是非社员的四五倍——这正是值得我们骄傲的地方。而且，很多成员销完后，又主动帮助其他农户推销，额外赚点中介费。后来，出现了不少客商公开扬言"非涫溪红椪柑不要"的良好局面。而

3年间，我们直供到超市的产品价格分别为1.28元/斤（1斤=0.5千克。全书同）、1.68元/斤、2.40元/斤，一直引领超市最高零售价，而且每年都供不应求。

2004年元旦前三天，我们送到宜都东方超市的产品脱销了。超市生鲜部经理电话催要大量椪柑，我们连夜组织了一车椪柑在元旦节的早上送到超市，我们刚到就听见超市的促销人员举着话筒高喊："极品椪柑又来了，极品椪柑又来了"。极品椪柑的概念，就是这样诞生在我们的中心产区——宜都。

2006年元旦前，社员陈喜来告诉我，他的大部分产品装在我们"淯溪红"的包装箱里，卖到了4.8元/千克（行情价仅1.24元/千克）。他后来告诉我说，装箱的时候还怀疑我提供的价格是不是太高了？结果是：在他去结帐的时候，从消费者那里得到了一致的称赞并当场获得了第二年的大笔订单。

"这车货是发岳阳的""这车货是发杭州的""发沈阳的货晚上可以装完"……这是当年我们合作社交易中心门前椪柑装车时传出的声音。特意写这些，那是因为岳阳、杭州都是椪柑的主产区，而我们的椪柑在人家的地盘上连续几年一直引领最高零售价。

2007年年底至2008年年初的椪柑市场行情恐怕是椪柑有史以来最为不幸的一年，一场大雪对全国的椪柑产业带来了巨大灾难，造成全国柑橘同类产品遇到的前所未有的销售困难。特别是湖北（柑橘北沿产区），被冻死的椪柑树更是不计其数。当时，因为大雪封路，浙江、湖南的椪柑最后卖到0.2元/千克，政府还每吨补贴50元运费，甚至连专程来我地的客商都改走了他乡。而我们合作社成员的产品销售价格均在1.10～1.5元/千克抢先销售一空，不但卖得更快，还都卖得更好。

2008年，我们刚好组团在北京新发地开拓市场，且我们公开定价是8元一个（64元/千克），椪柑刚刚在北京卖火，我们组织了大量的库存且没有来得及销售，当年社员的椪柑树又全部被冻死，导致合作社彻底破产，我们的繁荣暂时被切断……

4. 社会效益

破产以后，我与合作伙伴在各地推广全息自然农法过程中，受到了很多人的质疑，大家总觉得全息自然农法只适应高端、小众，而产生种种非议和抵触。

其实，全息自然农法曾经广泛展开过，除了上述的农耕生产外，还在乡村文明、城乡互助或人文关怀社区（虚拟）等等方面，发挥了积极的社会性作用。

"全息自然农法"其实早有一个极其生动而鲜活的运用，那就是"人文关怀社区"：一家产销协会、三家专业合作社，还有一个快乐老家——网络志愿者团队。线上、线下分别超过 500 位成员，生产成员遍及宜昌、荆州、荆门 3 个地区及宜昌的当阳、枝江、宜都 3 个县市，而线上网络志愿者直接遍布全国各地。

这正是"全息自然农法"所表现出来的社会效益。但为什么我们要称之为"人文关怀社区"呢？这取决于当初一时兴起而发起的"快乐老家网络大结义"，在不足半年的时间内，快速结义了千余名热心人士，并集资组建了"快乐老家助学基金"与"快乐老家创业基金"。这两个当初分别限额 200 元的小小基金，使我们线下的合作社与网络热心人士紧紧联结在一起，有来自北京、上海、广州、成都等市千余热心人士志愿帮助合作社策划、招商"月亮河养生度假项目"并在全国促销。专程来到我们产区的兄弟姐妹更是不计其数，且没有少给社员们派发红包。社员在家开办"农家乐"正是源于此……

原来，幸福在屁股后面的尾巴上——再回首，无限幸福。

5. 全息自然农法的诞生

继我们在 2006 年第 8 期的《世界农业》杂志上宣告坚定不移地走极品化生产道路后，我们顺风顺水地走到了 2008 年。哪知祸不单行，受 2008 年的天灾与人祸的双击，合作社破产。之后，我仍然不甘心离开农业，坚持在农业领域谋求生路。2009 年年底，我的一位朋友从北京给我邮来一本日本人写的《自然农法》，阅读之后，我立即回应朋友说："我们合作社的极品化生产故事更生动、更精彩！"朋友立即鼓励我赶紧把所有的故事全部写出来。

现在看来，假设没有 2008 年遭遇的那场天灾（大雪封路）及人祸（蛆柑短信），社员们的果树也没有全部冻死，我们会发展成什么样呢？我们会跟今天一样自由自在行走全国，在更大责任、更宽阔视野中谋求发展吗？

第二章

全息自然农法简要

不同的植物有着不同的生存智慧，下面的这段文字，全部摘自纪录片《美丽中国》（中国中央电视台与英国广播公司合拍，2008 年发行）。

尸香魔芋花体型巨大，差不多能长 60 厘米高，当地人叫它丛林女妖（图 2-1）。每当夜幕降临，女妖就开始施展它的魔力。丛林的温度开始下降，但魔芋花的温度则开始上升。通过热敏相机拍摄，我们可以发现魔芋花的温度不可思议地上升了 10℃，此刻丛林中开始弥漫着如腐尸般的恶臭。尸香魔芋花的温度再继续上升，腐烂的气味扩散至四面八方。腐尸甲虫追随着气息从远处赶来，腐尸甲虫以为能大吃一顿，但它们上当了。光滑的表面，让它们立刻跌入魔芋花的中心。此刻，没有足够的空间供它们展开翅膀，光滑的表面就像涂了一层蜡使得它们无法逃脱。

尸香魔芋花并没有邪恶的意图，甲虫只是莫名其妙地成为了一个不知情的帮手。黎明到来，尸香魔芋花仍没有什么变化，一整天困着它的俘虏。

第二天夜晚来临，女妖再次活跃起来。大概几分钟后，尸香魔芋花珍贵的金色花粉，从雄性花蕊中挤出飘落，洒在被困住的甲虫的身上。尸香魔芋花的内壁现在变得粗糙起来，一个脱离困境的阶梯形成了，囚犯们终于被释放了，沾满花粉的甲虫们向着自由爬去。

当其他的丛林女妖开放时，不可抗拒的味道，还会吸引着这些刚出狱的甲虫们再次造访。就这样，这种又大又臭但神奇的花，得以授粉并代代繁衍下来……

图2-1　尸香魔芋花

第一节
全息自然农法

一、什么是全息自然农法?

信息是包罗万象的。

阳光、空气、温度、湿度等万物万象,相互影响、相互作用,形成连绵不断的作用力并推动不同物种共同进化,这就是自然。

充分利用这种自然力功效并尽可能减少人为干预的农耕种养技术即"全息自然农法"。"全息自然农法"又称"生态链农法"、"绿能内循环农法"。简单地说,就是健全生态食物链并同时兼顾生态、生产、生活的健康所有关联要素。它的含义很宽泛,要求我们在洞悉事物遥远未来的基础上去把握事物良好开端,重视事物的现在、个体、局部等与未来、群体、全局间的必然联系,最大限度地尊重作物自然生长的规律、最大可能地借助自然力功效以获得人力相对更小的付出,从而收获更有利于人类生存安全的物产。

归纳起来,全息自然农法就是同步兼顾生态、生产、生活健康的农人、农品、农道。

二、全息自然农法的思想基础是什么?

全息自然农法也可称之为补天农法,在"顺天",即在最大限度顺应自然的前提下,辅以"补天"即重构生态链,适度补充自然局部的不足,并有节有度地参与自然物产的品质改善。

顺天补天,是全息自然农法的思想源泉。例如,在缺少洁净水源的环境中兴修水利,以确保空气流畅、旱涝保收;例如,种植青蛙、螃蟹、小鸟等喜爱的植物以吸引它们到农园里来安居；在缺少光热积累的园区中植入石头，利用石头对光热的反射及缓释作用来提高农产品的品质等。

天地养万物，以静为心，民食耕在田，以顺为本。人类农耕活动中从植物的适时播种、收获到人们的饮食、繁衍，刚好演绎着顺天补天的全部过程。向自然学习可持续卓越、向生物学习生存的智慧，同步兼顾生态、生产、生活的健康并把握事物良好开端——不使用化肥、不施用农药、不使用转基因种子，最大限度地尊重物种的自然生长规律，坚定不移地走品质化生产道路，是践行全息自然农法的基本原则。

三、如何正确理解全息自然农法?

读绝壁上的老树，我们理解，自然状态下的生命竟然如此顽强（图 2-2）。

读尸香魔芋花，我们发现，植物也有它们的生存智慧。

下面的第三节《读懂植物和自然》一文中，我们还会提到：植物也富有高级情感。

这里我们还要强调：所有生命都有生存的权力，包括杂草和虫子——"在农园内，请不要杀生"！这跟信仰何种教派没有任何关系，只是自我感悟："我们要虔诚地敬畏自然、爱护自然"，不能只停留在口头或表面上，或者被其他利害关系所牵制、所左右。

图2-2 逆境百年——长在垂直石壁上的老树

第一章几乎通篇都在显耀"好运"，这些好运，我们得到的答案是"善念的自然感召"。您或者不信或者半信半疑，但我坚信："天真无邪会带来好运和成功"。

我们必须承认：虔诚地尊重、爱护所有生命，也唯有这种诚心和爱心，才是我们成功践行或展开《全息自然农法》的基本保证。

第二节
践行全息自然农法的主要路径

"不使用化肥，不施用农药，不使用转基因种子，不锄草等，从持续涵养水土的根源开始，种植绿能、收集阳光、限制获取并兼顾农产品相对更安全的生产目标"，这就是全息自然农法必须遵循的主要路径。

一、把杂草当宝贝——致力绿能内循环

1. 为什么要说杂草也是宝贝？

在全息自然农法的理论中，杂草和蔬菜没有区别，它们都是土地上光热积累的产物，都是自然给予人类的恩赐。

杂草等植物，是整个生态食物链系统中最基础能源。同时，它们从一粒草籽开始，在充分利用土地上的每一缕阳光及土壤逐渐缓释的养分后，千万倍地放大、储存，再转化为营养，这该是何等宝贵并值得我们珍惜？

全息自然农法着眼于人的行为价值与土地的利用价值，力求以最小的付出获取更大收益，首先利用的就是这一自然力功效，前提就是"把杂草当宝贝"。

2. 我们无需担忧杂草

杂草生长的旺季里，我们的蔬菜品种有绝大部分是可以自行攀爬的藤蔓作物，例如，黄瓜、苦瓜、豆角、眉豆、甜瓜等，这类作物均优于杂草，可以高攀到杂草的上部获取阳光。

还有一些作物均是高秆作物，例如，玉米、高粱等，均不怕杂草。剩下的一些就是硬秆作物，例如，茄子、辣椒等。如果我们放任杂草猛长，杂草一定弱不禁风，见风就倒（图 2-3）。即使没有大风的帮助来吹倒杂草，人工给作物改善光照环境即"亮兜"也并非难事。

图2-3 倒伏的是杂草，站立的是香茅（香草作物）

所谓"亮兜"，就是把作物根盘附近影响作物光合作用的杂草扫倒、压倒，达到合理分配光能并充分利用间歇性的散射光的效果（图2-4），从而获得单位土地面积上的干物质最大化产出。

图2-4 间歇光照环境中也能旺盛生长植物（寻求不同植物的光照饱和点）

"亮兜"的方式源于果树的管理，由于大多杂草的高度一般在50厘米左右，并不影响果树的光合作用，为了确保果园的空气流通，我们采取了"亮兜"这种简单的治理方式。

源于这一思路，我们开始设想把庄稼种在草上面，通过搭建网格式的架子，让甜瓜、西瓜、南瓜等作物生长在杂草的上空，这类运用目前已经很广泛。例如，利用高空吊绳来种植番茄、西瓜，轻松解决了作物在低空处与杂草争光的问题，目的也是通过杂草来利用被浪费的间歇光，而追求土地干物质总量的最大化。

曾经有人尝试过用预制件对田间进行全面覆盖，解决人工除草的高成本难题并获得了成功。全息自然农法不赞赏这种做法，我们要的不是对付杂草，而是放任并利用杂草来采收阳光。因此，我们在"全园覆盖"与"亮兜或者架空"之间，自然会有更多更好的办法让杂草与作物相宜共荣。对于杂草，在"完全放任"与"适当压制"之间的那种灵活，想必大家都会掌握，所以，全息自然农法认为，种植者有足够的理由及办法当杂草是宝并好好伺候。

二、从水土开始——持续涵养水土、培肥地力

试问：我们日常的饮食是在消费粮食、蔬菜吗？其实，更深入地想想，我们应该是在消费水土。特别是当我们无休止地抱怨和声讨食品安全问题的时候，而我们的食品早在水土环节上就早已出问题了。问题就出在我们对待水土的态度和方式上。因此，欲从根本上解决食品安全问题，就需要我们"从水土开始"。因为水土和农民一起生产了食品，唯有从根源处开始，真诚地爱水土，爱农民，我们才可能拥有真正安全、真正健康的食品。

那么，我们如何持续展开水土涵养呢？

1. 想吃好，必须先把水土涵养好

一方面，我们要确保具有足够的安全绿能（杂草及秸秆等）反哺土地，使农园彻底摆脱对外来可能有害物的依赖，更快地实现农园绿能内循环。其实所有外来的养分也来自水土，而搬来倒去只会增加成本。因此，全息自然农法认为依赖外部的补充是完全没有必要。

另一方面，通过混播相益共荣性植物，适度放养禽畜达到人力的最小付出及自然产出物的高效转化，从而逐渐构建出可持续的健康生产结构与模式。

把我们播种的蔬菜、粮食等作物与杂草同等对待，放任它们自由竞争、自然生长，并当它们全是食粮——要么是土地的食粮，要么是人的食粮、要么是放养禽畜的食粮。

原则上，也只有先满足土地吃饱、吃好，放养的禽畜吃饱、吃好，才可能有让人吃饱、吃好，这便是践行全息自然农法并持续涵养水土必须遵循的原则。

2. 严格控制获取的总量

从图2-5我们可以看到，抛荒一年与二年的土地上杂草的自然增长的程度。

一定土地面积上的自然产物，包括杂草及食材等除去水分后的总和，全息自然农法称之为"自然干物质总产"。现行的生产方式下，干物质总产大约每年每亩平均1 000千克。而有资料表明：原始森林在无人为干预、纯粹自然内循环状态下，每年每亩土地上的干物质产量且超过1 000千克，这一点值得我们思考。

图2-5　抛荒两年（左）与抛荒一年（右），植物自然生长的旺盛程度对照

按照自然农耕方式，土地可贡献给人类的食粮可粗略地按照所投入的"三倍增长量"来核算，即一定数量的植物秸秆自然腐化后，在阳光、水分、土壤的共同作用下，产量至少可达到投入量的3倍。如果按照"秸秆腐熟后的营养水平"

及多类物产的"营养带走法"（即消耗量）来计算，也刚好符合这一指标。

全息自然农法要求我们先根据土壤地力现状核算获取指标，依次从允许获取1/3，到允许获取1/2，再到允许获取2/3的递进方式，逐渐推动"农园内循环模式"正常运行起来。

一般情况下，建园初期（前三年）允许获取的极限至少应该控制在干物质总产量的1/3内，3～5年后可依照地力情况逐渐放宽到"允许获取1/2"，5～7年后"允许获取2/3"，即达到允许获取值的上限。

3. 持续涵养水土、培肥地力

"严格控制获取"即限制取走量的目的就是为了持续涵养水土、培肥地力。

目前，大多土地在突然"断奶"即停用化肥后，产出可能大幅下降甚至绝收，这就需要我们及时培肥地力。

培肥地力的唯一方式就是尽可能增加土壤有机质，山区的自然森林覆盖率一般均在90%以上，可利用的腐殖质或堆肥资源十分丰富，不难解决这个问题。而平原地带，耕地密集且长期被人类的掠夺性获取，地力严重衰竭，唯有大量播种豆科作物（豆科牧草、黄豆、绿豆等）并严格控制获取，以确保具有足够的"绿能"返哺土壤并尽快恢复地力，从而逐渐完成培肥地力、还原土地产能的任务，这也是我们培肥地力的唯一途径。

培肥地力最直接的办法就是把庄稼当草来种，也可以把草当庄稼来种。确切地说，就是采取"广种薄收"的方式，当播种的种子视同播散肥料一样，把所有的植物视为绿能养料，并采取高、中、低不同的植物合理搭配后混播到土壤中。

这种粗放的混播种植办法看似顺理而不成章，但其收效十分令人满意。一方面，它刚好顺应了全息自然农法"种阳光"的基本原理，又有效利用了豆科作物彻底吸收了土壤中残存的化肥并转化为有机绿肥。同时，还借助豆科作物天生的固氮功效而获得相对更多的干物质产出。如果我们再结合"自然三倍增长率"的规律及"有限索取"的原则，便可轻松实现快速恢复地力的目的。

如果不经过大量存在于植物根皮内及根部周围的有益菌的参与转化，氮磷钾是不能被植物直接吸收的。事实上，也只有植物秸秆腐熟后，才是更健康的"全价营养"（包括有益菌及其他绿能），才可能满足作物的整体需求。而化肥中的氮、磷、钾等元素且是相互阻碍其他元素利用的。这就充分说明，人们很难确定更有益作物健康的施肥配比。何况，人类对自然及各种植物的了解也并不十分完整，如此一来，我们在对自然生命并不十分全面了解情况下就采取过多的人为干预行为，就会带来不同程度的偏差与各种各样的新问题，从而导致作物非健康生长。

三、虫子也是宝——生态制衡的生态链农法

虫虫归来，是宝不是害，因为，它们上游的食物链很快跟着就来了。

2012 年 3 月我们开始在上海兴建某农苑——全息自然农法体验基地，获取了很多新的数据。就"虫子也是宝"来说，可谓在众人的目光下，得到了很好的证实（图 2-6 至图 2-10）。因为农苑从一开始就拒绝农药并不允许杀生，很快就发现了大量的鸟群、再就是青蛙、蛇、刺猬等。到了春秋交替季节的 8 月，无论是蔬菜，还是瓜果，或者水稻、柑橘，结果好得令大伙感到"很稀奇"。

启蒙于"虫草是宝"的联想，全息自然农法也研究作物与病虫的关系，逐渐发现了许许多多的新理论。

1. 取食共生

巴西前环保部长何塞·卢岑贝格："与其消灭害虫，不如促进植物的健康生长"。

图2-6　红红的果实吸引蜘蛛结网以待　　　　图2-7　贪食的知了自投罗网

图2-8　蜘蛛快速上前捆绑知了　　　　图2-9　蜘蛛绑紧知了后立即修补蜘蛛网

图2-10　蹲守的青蛙——菜地里随时暗藏着杀机

　　法国生物学家弗朗西斯·沙波索："取食共生的理论"认为，生长在健康植物上的害虫只会挨饿。为了维持害虫在宿主植物上正常的生长繁衍，植物的汁液中水解营养物质的供给应该处于相对过量的状态。害虫不能直接吸收蛋白质，因为它们自身不具有水解蛋白的功能，也就是说，害虫体内没有水解蛋白酶。在植物内部养分失衡的情况下，才会"招惹"来病虫害。很多农民其实非常频繁地遇到过这类案例，大家一致认为："长得好的作物是不招虫子的。"

　　简单地说，当我们发现虫子的时候，首先应该反省的是我们自己，是否是我们的操作不当使作物出现了什么问题？

2. 植物受伤应答

植物或动物的生命受到一定程度的侵犯时，会从它们的体内自动分泌出一种抵抗或吸引害虫天敌的物质，来帮助自己，这就叫受伤应答。

所以，我们完全可以大胆尝试：尽最大可能地放任作物自然生长过程中一定程度的伤害。

允许一定程度的危害后，植物会"自动分泌抵抗物质"来保护自己，例如不断敲打树皮会很快隆起，如同手工劳动者手上的老茧保护着他们的双手一样。有些植物甚至会"改变生物钟"，能快速了解害虫习性后自动作出积极反应，例如改变开花时间等。还有些植物会自动"分泌香气吸引益虫鸟来帮助自己"。前文说到的"尸香魔芋花（丛林女妖）"的生存智慧，从另外一个角度也证明了这种道理。参见图2-11、图2-12、图2-13、图2-14。

图2-11　被虫子吃惨的柿子树

图2-12　柿子树开始抽发新叶

图2-13　果实毫发未损

图2-14　健康成长的新叶不见有虫子危害

3. 植物超越补偿

植物超越补偿指植物遭受伤害后会有一种积极反应，很多时候植物被害虫适度"糟蹋"一番之后，非但不减产，反而能大幅增产。

在果树管理技术方面我们不难发现：几乎所有的破坏性措施均能促进果树花芽分化及质量，并提高果实的品质。

4. 害虫本能躲避

试想：在一个充满青蛙、小鸟叫唤的地方，虫子是否乐意落户呢？

在一个有猫的家一定少有老鼠。曾经政府组织全民除鼠害，既然通过广播播放猫叫的录音来恐吓猖獗的老鼠，收到了较好的效果。可见，在充满了不安全因素的地方，害虫自会本能地躲避。也就是说，我们可以兴建水利并引进青蛙、螃蟹等小动物构建生态制衡系统。

5. 和虫子捉迷藏

任何作物均有主要害虫和次要害虫。所谓主要害虫，指的是那些对作物有毁灭性为害的虫子。但所有虫子均有各自不同的生理周期，不同生理周期的虫子对作物的为害程度也不尽相同。只要我们深入了解各种作物的主要病虫害并躲过它们对幼苗的为害期，可以收到良好的效果。例如，柑橘秋稍的管理，通过肥水的控制在适当的时候统一放稍，可有效躲过潜叶蛾的为害。

6. 我们无需担心虫子

一般农民都知道，韭菜、大蒜根本就没有什么病虫害，然而，在大规模专业生产韭菜、大蒜的地区，却总是有很多令人头疼的病虫害。我们也可以仔细想想，究竟有多少农作物会遭遇灭绝性的病虫害？南瓜？冬瓜？西瓜？甜瓜？黄瓜？如果我们认真排列一下就会发现，除了叶菜，除非长期大规模单一品种成片种植，否则，根本就没有多大问题，即使偶尔少许会有病虫为害，那也是屈指可数的损失，无非就是外观稍微难看一点点，商品性差了一点点而已。

只要我们融会贯通上述所说的"取食共生"、"受伤应答"、"超越补偿"等理论及科学利用"生态制衡"原理，已经足够让我们得心应手搞好自然农耕活动了。

这里补充一点，其实在大多数情况下，我们认为的病虫害所带来的产量损失，刚好是需要我们要保留给土壤的那 1/3 产出，最多不超过一半即 1/2，即虫子吃剩下的那部分，就是自然允许我们获取的那部分。其实，爆发性病虫害并不会经常发生。而全息自然农法认为，我们之所以偶然会有发生这类毁灭性事故，恐怕还是因为人们太过集中规模化生产单一物种了，或者是在某一方面错得过于离谱，大大违背了自然法则而遭到惩罚，如果我们结合上述的那些理论来判断，这一结论刚好也是成立的。

四、留住阳光——着力收获光热积累的产物

立体型果树不难达到亩产过万斤的产量，而平面型的蔬菜（例如，西兰花等）耕地亩产只有 1 000 ～ 1 500 千克，这一定程度地说明，收获的阳光越多，产量越高。

1. 我们收获的究竟是什么？

全息自然农法认为，我们所有的农耕活动收获的并非是氮、磷、钾等，而是光热积累的产物。先弄懂这一点，有利于我们更好地展开自然农耕活动。

尽可能地收集阳光，甚至利用反射光来提高土地的产出，也是现代农业技术早已掌握的内容。立体种植的高大果园总是比一般的平面型种植的菜地其产量折合成干物质对比要高出很多，细究一下就可以明白：那是因为呈立体状态种植的作物受光面及其受光量比呈平面型种植的作物均要多很多。

大多数农人都知道，石头更多或更大（白天大量吸收的热量在夜间开始缓慢释放，见图 2-15、图 2-16）的土壤中长出来的瓜果蔬菜更好吃；光照相对贫乏的北向坡地上，南瓜甚至无法正常成熟。同类作物其生长周期相对更长，其果实的品质会更好。事实证明，只有足够的光热积累才能提高作物的内在品质。

因此，我们种植的目的及其收获就是尽可能地提高土地上作物的光热积累总量。

图2-15　石头散发热量化雪结冰　　　　图2-16　石头上的瓜果口感更香

2. 充分利用间歇光照与持续光照的光合作用大致相同的原理

既然我们农耕收获的均是光热积累的产物，于是，"种阳光"的思想就值得我们高度重视了。

全息自然农法认为，农业种植不仅仅只是在种地，而是在种阳光，也正是这一新思考，为全息自然农法也能获得相对更多的产出带来了突破性进展。从"种阳光"这个点来切入农耕种植，不但能更高产，还更能抗逆病虫的为害。参见图 2-17 至图 2-21。

图2-17　果树林下的杂草旺盛生长

图2-18　葡萄架下的杂草足够养育山羊

图2-19　树冠中的杂草似乎更威猛　　　图2-20　相宜共荣混播——玉米与辣椒

图2-21　相宜共荣混播——玉米与辣椒及更多

在我们身边均不难发现，户外地板的缝隙下、相对密闭的树林、葡萄架下，或者个别树冠下，各种杂草均能旺盛生长，这就足够证明：一定量的间歇性光照与相对更多的持续性光照，对于植物的光合作用效率是大致相等的，"高、中、低不同的植物合理搭配"即等于"最大限度地收获阳光"，这就是"立体种养"。

"种阳光"以在同等的土地面积上以获得光热积累的最大化为种植目的，它改变种田、种地、种粮、种菜等传统思维的局限，利用"持续性光照"与"间歇性光照"的光热积累效益基本相同的道理，通过采取相益共荣性混播高、中、低不同作物，从而获得土地利用价值即综合产能的相对更大化。

值得一提的是，平地上，我们可以通过改变地形来扩大可利用的地表面积。例如，上海长兴岛上的某农苑，为了解决地下水位过高不适合果树生长的问题，在园区内，深挖了一条长700米、宽10米、中心深2米并环绕整个园区的梯形水渠，刚好是挖掘机可以一次成型的最佳宽度和深度。一方面，即满足了抬高土层变相降低地下水位的要求，又解决了缓冲区与核心区的隔离及水域面积的要求，同时还最大限度地节约了成本；另一方面，挖掘出来的土壤自然散落在渠道的两边，形成两条蜿蜒曲折平缓而小丘（脊梁），高低起伏的地面反而增加了地表受光面积，还把园区自然分割成七八个不同大小并方便间隔利用的功能性小区；其三，水带来的反射光使向着水面的渠道坡地上的作物长势更旺，可谓一举多效，投入还相对更少，参见图2-22。

图2-22　全息自然农法在上海长兴岛的实践基地情景

五、还原生物多样性——不允许单一物种称王称霸

"自然界不允许任何单一物种称王称霸"——全息自然农法通过结构多样化食物链以还原生物多样性，以达到生态制衡的目的，同时把单一生产可能100%的自然灾害风险有效分散化解。

规模种植刚好让单一物种称王称霸了，生物的多样性被彻底打破，病虫便开始干预。人们过度地浇灌等于娇惯（宠爱），使作物失去了自然竞争的能力，物竞天择原则下本该淘汰。于是，我们的作物越来越弱势于杂草并更容易感染病虫。单一特种与多样性种植对比见图2-23至图2-27。

图2-23　成片种植的黄豆千疮百孔

图2-24　混播在林下的黄豆

图2-25　大片种植的茄子惨不忍睹

图2-26　大片种植的辣椒也是千疮百孔

图2-27　混播的茄子、辣椒安然无恙

　　在神农架乃至全国各地农户的私家菜地，均可以看到多样化种植场景。可见，打破单一作物规模种植，还原生物多样性，已经可以很好的控制病虫为害了。如果我们进一步展开相宜共荣性混播，那么，就更容易抗衡病虫为害了。

六、持续驯化、保良母本，促进作物健康

　　自然界中各生物种群互生互利、相生相克，并不允许任何单一物种称王称霸，这就是自然进化物竞天择、优胜劣汰的全部秘密。各种生物均在相互的生存竞争中获得对环境、土壤及生态伙伴的深刻记忆，并将这类信息遗传给下代，这是所有生物进化的本能，而人类的饮食除了吸收其营养外，也同时吸收了物种进化的记忆信息。

　　例如，沙漠里的植物具有顽强的生命力（图 2-28）。

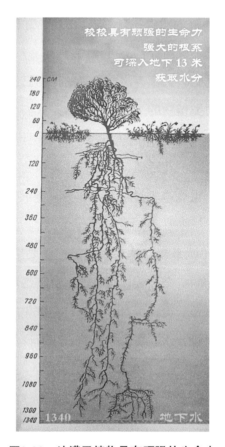

图2-28 沙漠里植物具有顽强的生命力

我们吃的不仅仅是生物的营养,更是生物自然进化的记忆信息——现代生命科学刚好证实了全息自然农法的这一观念。

2011年9月20日我国生命科学家最新发现,食物的"微小核糖核酸"通过饮食进入人体血液和组织器官,再与人体内"靶基因的信使"结合,影响人体的生理功能进而发挥生物学作用。而通过注射难以想象的高达100毫克/千克体重的定制的或非定制的"微小核糖核酸"后,却无法观测到明显的效果。

这说明,食物的色、香、味与我们看到、闻到至饮食的全过程中,"微小核糖核酸"与人体内"靶基因的信使"方能"互动"并对人体发挥作用。

全息自然农法认为,人类的消化系统及其进化是建立在自然生物进化基础上的,这里的"微小核糖核酸"也正好印证了中医所指的"气",如果我们把食物中的"微小核糖核酸"理解为"生物自然进化的记忆信息",那么,饮食健康的食物与中医养生理念刚好不谋而合且不可替代。

我们知道,农药、化肥、大棚等浇灌出来的作物已经被证明其主要营养含量大多不及自然成长状态同类植物的1/15,这显然是人们现在"越吃越饥饿"的根本原因。

正是因为人们的百倍呵护及娇惯,才使得这类作物完全丧失了自然竞争的本能,从而抵抗不了病虫,也竞争不过杂草,成为物竞天择自然法则下"被淘汰的物种"(图2-29)。

全息自然农法的责任就是改变这种现状,把想要培育的物种重新放回自然中,任由它们去竞博生存的机会并放任杂草、病虫陪练作物自然进化,还原它们的自然抗性,从而使所培育的物种更富有生物自然进化的记忆信息(微小核糖核酸)及其顽强的抗逆性能量。这就是全息自然农法所说的"母本驯化、保良、繁育",也是我们促进作物健康与获得健康食物的途径。

所以,虫、草是宝不是害,它们是自然界制衡物种多样性相益共荣与可持续卓越进化的天使。

图2-29　自然野生的油菜(下部)与精细种植的油菜(上部)

第三节

读懂植物和自然

一、什么是树势

全息自然农法一直非常重视"先学会读懂植物、读懂自然"。这个要求只是一种读法而已，为的是促进社员更用心、更专注地进入到正常状态中以获得更快更大进步。

我初学自然农耕时，一时对"树势"的理解总是把捏不准，只到几年之后，反复用自己的果园与其他同行的果园进行对比，才慢慢理解什么是更好的"树势"（图2-30）。到最后，只要是站在田边就能指出社员田间作物的所有问题来，甚至对所有采取过的生产管理措施也能了如指掌——这就是我们常常说到的功力。

一是"劲"，感觉如同人体健美的肌肉；

二是"秀"，上下左右平衡、端正、匀称、靓丽；

三是"亮"，叶片的蜡质层光亮；

四是"实"，叶片、枝杆的厚实、不稀松。

……

图2-30　叶片的大小、末级枝梢的长短等相对平衡的树势，证明这棵树来年能高产

我们常常说要向自然学习，认识自然，了解自然，才能真正地回归自然，其实，对自然的认识了解越深，越有益于我们掌握植物健康状态并正确地帮助植物。

笔者体会，经常到自然中去观察，到不同的农园中去学习、交流，深入细致了解不同环境及不同管理方式下，植物不尽相同的种种状态，再反复"对比"并用心找出导致细微差别的真正原因。这样做，有利我们尽快读懂植物和自然。

这里的观察，就是"读"，是我们与自然、与植物的唯一交流方式。而随时寻找不同的数据进行"对比"，是我们了解植物、了解自然的手段。

植物叶片的大小、厚薄，叶片颜色的深浅，植物枝干的粗细长短，植株生发量的多少等时刻诉说着它们的健康状况及各项生理需求。需要我们反反复复"读和比"，慢慢找出它们的细微差异。如同中医，只有长期的训练，才能使他们能通过察言观色、望闻问切来了解病人、病情。

可见，多观察、多学习；多走动、多交流；在反反复复的"读"与"比"中去深入了解植物、了解自然，对于我们正确把握农耕生产该是何等的重要。

二、植物的形体语言何其多

植物的生长原理基本都是想通的，植物生长都在乎肥（氮、磷、钾、钙、镁、铁、锌、硼等）、水及内源激素（生长素、赤霉素、细胞分裂素、脱落酸、乙烯）。

植物多了或者少了某种养分，会有非常明显的营养不良表现，而且，即使出现养分不平衡的情况，植物也有不相同的外部表现，甚至出现不该出现的重金属中毒，植物也能通过它们的形体语言非常明显地告诉我们。

关于水分来说，不外乎旱、涝，植物卷叶、黄叶、落叶。

植物对温度的反应最有趣，大多植物通常在地温超过35℃的时候会进入休眠状态，而夏季临界35℃左右，自然生长的黄瓜最为明显，一条黄瓜间，粗细相隔几倍，要么细在中间，要么细在两头。所以，夏季的黄瓜应该是弯弯的、粗细不均才是正常……

这类基础知识，在市面已有的农业相关的土壤管理技术、肥水管理技术、病虫防治技术等书籍中均有大量的图文供我们学习和参考，这里就不再叙述了。

这里，特别要说明一下的就是植物与内源激素的关系，我是从一本很老、很老的书上看到的，而现代农业科技书似乎忽略了这类基础知识的述说：

"植物内源激素有：生长素、赤霉素、细胞分裂素、脱落酸、乙烯。它们共同的作用，形成了植物正常的代谢、萌发、生长、开花、结果、休眠（或衰老）。选择不同的栽培环境条件和农业技术措施可以直接影响植物内源激素的平衡，从而实现高产种植目的。

植物生长，在根尖合成细胞分裂素及赤霉素，随木质部'导管'的液流上行到茎芽生长点，促进芽的萌发及枝叶的生长。而大量的枝叶茂盛生长，进行光合作用，又合成大量的生长素及赤霉素，通过韧皮部'筛管'的液流，由顶端向下部输送，促进侧枝及根系的生长。

促进植物花芽分化的理论依据：

（1）乙烯使植物枝芽生长点细胞产生生长素。

（2）外源激素降低内源激素的平衡，赤霉素与细胞分裂素比值（GA/ABA）的大与小，决定花芽分化的少与多；且赤霉素低，细胞分裂素高时，较赤霉素高，细胞分裂素低时，更有利于花芽分化。

（3）当植物枝芽生长点积累 ABA（脱落酸——生长抑制剂）达到一定水平时，可以促进花芽分化。当植物开花结果特别多的大年时，积累的赤霉素多，形成竞争优势的'库'，使流向枝梢的养分和赤霉素少，削弱树势生长，使来年形成小年。成龄叶合成 ABA（脱落酸），它促进果实成熟，落叶，形成叶芽及休眠（或衰老），促进花芽分化。

（4）果树在休眠过程中，产生乙烯。"

所有植物相对于植物内源激素来说，还真是高科技了，通常以"毫克/千克"

计量。

当然，植物还有一些病虫害的后遗表现。

总之，植物在生长周期内无论曾经或者正在出现过什么或者后期会怎么样，其中细节千姿百态，需要大家在实践中长期留心观察对比，早晚定是植物中医高手，单凭望闻问切，就能得心应手地搞好种植管理，或者精准无误地在海洋般的蔬菜市场找到品质相对靠谱的食物。

三、植物也富有情感

水也是有情感的，富含水分的植物和动物是可以相互交流的。万物皆有灵，全息自然农法深信这一点并自始至终虔诚敬畏自然万物。

第四节
全息自然农园的设计要素与实例

确切地说，全息自然农法是一种着力降低投入成本、收获更高品质食物的生活方式的设计。当然，有它特定的市场定位等属性，初期不适合开放性地面向更多受众，而只适合较少人群抱团，从消费水土开始探索从根子上彻底解决食品安全的问题。

站在消费者的角度上说，应该叫"自救"，即由消费者直接制约生产者按照自己的意愿及要求展开农耕生产。

站在生产者的角度上说，应该叫"代耕"，即在自己十分擅长的范畴内通过承诺一定的品种及产量（风险保底）的基础上，渐次踏上以丰富品种、提高产出的良性循环的轨道上。

全息自然农法实现的是一种理想生存方式，即"活法"。

首先，需要产销双方在相互信任的基础上建立全新的合作关系，从而解决了人与人之间建立信任难的问题，使双方相对轻松地更专注于各自擅长的本分，促进自然农业项目更快、更好地展开。

其次，全息自然农法在现行农业平均产量的基础上，以牺牲部分产量来换取更高质量的办法，把人均可预算的食物消费总量匹配给相等的水土面积及相应的劳力需求上，如此一来，生活成本大幅降低，生活质量大幅提高，没有比这让人感到更踏实的生活方式了。

其三，自然灾害的风险，以多样化种养结合的办法进行化解，风险系数可降低到 1% ~ 2%，而产品质量风险由消费者提供标准或直接以全息自然农法的标准来控制，产销双方均可高枕无忧。省心、省力还省事，让我们找不到可以拒绝的理由。

在全息自然农法的框架限制下，自然农业从此变得简单易行了。而且，它颠覆了从前农民"烧香种，磕头买"的被动产销模式，又有效解决了消费者食品自救无门的巨大难题。使产销双方均在相对主动的基础上，拉开了自然农业良性循环的序幕……

一、全息自然农园的设计要素

最大程度收获到光热积累的生物质总量，这是践行全息自然农法并快速获取健康绿能的引擎（例如，神州草、甜高粱等）；建立清洁水源系统，即使是在石子地上，也要设计收储雨水并且不隔断水土能量的自由交换，这是全息自然农法种养殖成功的灵魂；利用清洁水系，最快速度吸引蛙、鸟常驻，这是践行全息自然农法暨生态链重构的安全保障（例如，引进小小的螃蟹、蝌蚪等）；保良种子——放任（驯化）物种自由竞争获取生命进化的记忆信息及自然抗逆性能量的种子，这是延续全息自然农法可持续卓越的根基。

全息自然农园，在我们眼里至少是以现代农业技术为基础而放弃了农药、化肥并没有转基因物种的那类农园。所以，生产方面的每一项设计，均要围绕绿能循环、生态链平衡（病虫防范）、母本（种子）保良等方面来着手。

全息自然农法的宗旨是"还原农业自然利用的本来属性"——农户养殖的20 只鸡与专业户养殖 2 000 只鸡，生产方式不一样，成本不一样，品质更不一样。20 只鸡可以是完全放养并在生态承受能力范围内，而 2 000 只鸡，无论是饲料来源还是管理方式，都可能超出生态的承受能力，更可能要依靠过多的人力及采购外来的饲料而无法自然起来了。我们之所以强调要"还原农业自然利用的本来属性"，为的就是在生态最大承受能力的范围内获取更靠谱的产品品质。

全息自然农法追求的规模，并非是 2 000 只鸡似的专业化规模，而是品种丰富多样性的规模，简单说就是打造食材森林，还原生物多样性，从而更快实现生态制衡的目的。

再就是种植、养殖比例（生物种群数量）的合理性搭配，任何单一物种的种群数量过大或称王称霸，都可能破坏自然农园的生态安全。

最后，还有农园内的硬件建设。

农园内，种、养殖管理步道与水系建设合理结合，延伸到农园各处以便生产管理。

土地面积需有序分隔好种植、养殖单元以利于生产管理，还要规避种植、养殖混搭矛盾，并降低果实成熟后的采摘难度。

1. 排灌水系统与土壤呼吸通道

排水系统与土壤呼吸通道可一并建成。

特别补充说明一下，土壤需要通过呼吸即自然风化，才能使土壤中无穷的养分得到活化，并转化为可以被植物吸收的养分，要充分理解，正是土壤养分的慢慢缓释，才使土壤可以被人类反复循环利用。曾经在苏州太湖某农庄设计的八卦田中（图2-31），我们发现，8个不同方向的深沟导致8个地块上同时播种的同

图2-31　八卦田中不同方位的地块里，同样的播种方式且显示出不一样的生发量

类作物其生发量及长势均大不相同，应该是由于季节性空气流通的方向比较固定而造成的；我们还不难发现，田地里总是越靠近沟渠边的植物生发得越健壮（深沟窄箱较为适合），这足够证明我们重视土壤呼吸功效的观念成立（图2-32）。

图2-32　同时栽种的茄子，而靠近箱沟（通透性更好）的且生长得更快更好

排灌水系统：小渠道引灌到各地块，满足所养殖的动物可自由饮用。

一般情况下，山坡地最高处为灌水沟渠，最低处为排水沟渠。平原地区农地的排灌系统可合并实现。大多情况下，排灌系统可与运输通道或田间管理步道并行设计。

2. 运输通道与田间管理步道

为了方便种植、养殖定期轮换用地及隔离（例如，人畜隔离），可将排灌水系、房建计划等一起完成。大多自然农园那些让人感到十分别扭的感觉正是因为初期的规划过急，考虑不周而造成"生硬拼凑"效果，使其相互之间的价值要点冲突过大。

3. 功能分区

顺地形地势，因地制宜，结合道路、水系的设计，以不同的直线、弧线、曲线相互交织，可巧妙布局不同的种养殖区，并兼顾隔离栅栏尽可能少投入的原则，按照不同物种不同收获期及土地轮换使用的原则，合理计划种植与养殖功能分区。

4. 空间利用

运输通道或较大水系的上空可设计葡萄长廊，通道两边栽种葡萄等藤蔓作物。

5. 房建计划

工具房、产品储藏库、分拣清洗包装车间、加工车间及人员食宿用房、不同养殖间舍、人畜排放与净化处理等，均要谨慎规划，一步到位。

二、生产计划及安排

全息自然农法的正确操作流程应该是"边种草边育苗，草覆盖再移栽"，尽量不要留下裸露的土地而白白浪费阳光能量的积累。

种草——可以优先考虑种植可吃的苗菜及光合作用效率更高、利用价值更广谱的牧草，这是基于生态置换的目的，不种咱们更需要的草，地里也会疯长杂草，反而不可控。而裸露的土地水分蒸发量超大，不如种植可控植物全覆盖后保湿——我们追求的产量是生物质总产共同获得的光热积累总能，这是自然农法基础绿能培育的最佳选择，但不允许单一作物称王称霸，得多样化，高、中、矮植物混播，最大限度收获阳光。大约半年后可以引进小家禽养殖，转化生物质为禽蛋、蔬菜绿肥。

1. 猎种

首先需要寻找当地农民自留的种子，完成多样化种植类种子的引进，待养殖需求的牧草储备充足时，再安排多样化养殖品种的引进。

一般情况下，各地农庄可以根据自有的实力，优先考虑引进一定范围内的种、养殖本土驯化多年并完全适应的物种，启动自然农园的首期建设。在此期间，不适合创新引进各种新奇物种（消费引导及客户教育消耗太高）。

用心总结不同物种根系的深浅、植株的高低、四季颜色变化的规律等等相关特征，逐渐完成混播合理、搭配有序、错落有致等等。在相对稳定之后，逐渐放大猎种半径。

2. 混播

罗列应季蔬菜、牧草品种，计划好播种的面积并适时进行有序的混播——按每一品种计划好的种植面积购买种子，并把计划种植的面积切割为大小不尽相同的三到五个区域并适当放大一倍的面积进行稀植播种，实现不同品种的自然交互、重叠，甚至完全叠加的混播效果。

刻意追求这种混播效果实属无奈，大家可以简单理解为是在"跟虫子捉迷藏"，即相对分散的同类植物，不同于大片规模种植的植物，不会满足虫子千军万马似的繁殖需求。

图 2-33 至图 2-35 为一个农园同一天拍摄的景象。

图2-33　大片集中种植的作物被虫子吃得干干净净

图2-34 同期同园分散种植的且安然无恙

图2-35 分散种植的长得更健壮

到播种季节时，可按最先食用、更少病虫为害的蔬菜品质，尽量放大播种面积及范围（当草种）。另外，正常进入采摘期的蔬菜品种，应该提前进行有计划的补种。以利用采摘及频繁的巡查，让人与土地环境更快捷、更全面地完成深度沟通，同时留心提取相宜共荣的品种最佳混搭办法。

三、实例一：上海某农苑

农苑有这组数据：一项设计、20万元、3个人、4个月、50亩。

1.基地规划改造

果园动工日为2012年3月3日。大多果农都知道，一般情况下3月15日即惊蛰节后，果园是不允许再动土的。因为，万物复苏，生机开始萌动，盲目动土会直接影响植物的自然生长和发育。所以，农苑的开始，可谓是在一种"跟季节赛跑"的压力下进行的。

第一，改造地形，同时完成水系建设。

一个高品质的自然农园，需要建立相当规范的隔离带、缓冲带、核心区，这是一项极其重要的工作。

第二，由于农苑地处长兴岛中央，地下水位在50厘米左右，十分不利于果树的正常生长，果树种植区至少需要提高土层50厘米左右，使地下水位下降到1米以下，这是必须的。

第三，基于农苑未来用工成本的考虑，农苑需要以多样化散养为主，而以多样化的种植为辅。因此，种养殖相互冲突的矛盾比较突出，为了确保多样化种植的绝对安全及多样化散养的灵活迁移与隔离，保证土地环境能在相对宽松的承受范围内保障供给，功能分区尤为重要，需事先留足可以灵活变动的弹性空间（留有余地）。

第四，为了控制土方工程成本，又完成对土方的需求量，必须确保土方一次性挖掘成功。很快，两条合计780米长，水面开口10米宽，中心2米深的渠道开挖计划就定案了。

第五，为了控制施工成本，决定不放线、不标记，任由挖机师傅按照长宽深的要求，自主选择，以尽力保留健康果树为原则。

众多的目标挤压在一起，一气呵成的土改计划迅速展开，紧锣密鼓在十多天内完成，成本总投入不到 3 万元。

2. 种养规划

土改完成后，全园变成一片黄土，多样化的种植任务迫在眉睫。

由于对土壤地力及环境现状来不及深入了解，加上大家渴望尽快跟上养殖项目，粮食、蔬菜、水果和动物草料同等重要。于是，十多种高效牧草及所有能找到的作物种子、苗木合计近百品种，及时播撒、栽种到田间。为了防范可能出现的意外风险而导致收益不足，农苑经理又额外安排了万余株育苗，以备急需。

猎种、播种及苗木移栽期间，田间农耕管理步道自然成型。稍加清理后，一条自然起起伏伏、蜿蜒曲折小路就呈现在我们的眼前了。而且，每隔一段自然一分为二，让行走在其中的人留下无限的神秘感，小小的 50 亩地让身临其境的人不知道有多大……

大约两个月后，各种作物也尽相给力，黄瓜最先走上餐桌，牧草也迅速蹿到两米之高，红、黄、绿等各种不同的颜色自然组合成一个"多彩的农园"，如同仙境。四周高大的防风林又自然呈现出一个真正意义的"洞天福地"，美不胜收（图 2-36、图 2-37、图 2-38）。

图2-36　同一视角的初期（全息自然农法上海长兴岛实践基地）

图2-37　同一视角的中期（全息自然农法上海长兴岛实践基地）

图2-38　同一视角的后期（全息自然农法上海长兴岛实践基地）

　　接近第四个月的时候，农园里应季的辣椒、茄子、番茄、甜瓜、西瓜、南瓜等，应有尽有。6个较大的沼气池顺利完工，多样化的养殖计划随即提上日程。"遍地是牛羊，满园瓜果香"的美好情景，已唾手可得（图2-39）。慕名而来的人络绎不绝并赞赏有加。

图2-39　食材森林（全息自然农法上海长兴岛实践基地）

四、实例二：安徽先锋人士社区

2011年10月1日，安徽老郑邀请笔者协助发起"消费自救"的日子。那天，老郑组织了几十个家庭（图2-40），几家媒体也跟踪做了报道。一个良好的开端就这样开始了。

图2-40　"先锋人士社区"的发起活动

我们一直鼓励小步调、大定位；慢生活、宽布局。

老郑很小气，十几户消费预算资金到手，只租了1亩田，还是在2012年的3月之后，不过，理论上，每个家庭每年几百斤小菜的需求，一亩田是可以胜任的，但发展消费会员的弹性空间没有提前安排到位，会把自己弄得很紧张。但老郑有他的另外一种战术。他说读了《一双红皮鞋激活一项产业》的故事（见第三章第三节），受到了启发。原来，老郑是想以正宗的"农家乐"切入。

老郑要求十几个会员定期每个周末组织活动，而他当义务向导带领大家"乡村一日游"，每人30元午餐费交由村民备饭。

这个小动作可了不得，每桌10人，农民烧一只真正的土鸡，再配几道土菜，每次大约能赚200元左右。这下可惊动了周围的农民，纷纷找老郑承诺能种好菜，甚至老郑要是不收下农民们送给他的小菜，农民就拦着他的车不让走。

客户呢，更满意。口碑传开，每周乐意下乡的人越来越多，参与的农户也越来越多。于是，1亩田——袖珍农庄就这样风风火火开张了……

袖珍的农庄小，却五脏俱全，据说在一亩地上，他计划全年种下数十种蔬菜瓜果，而且他已经着手去做。老郑这种不求最大，但求最小的作风非常不符合政府追求规模效应，他在化学农业和转基因农业面前甘做"怯弱的逃兵"，是不折不扣的小农经济者。

旅游线路没有楼台亭阁，没有飞瀑鲜花，没有气势恢弘的庙宇，甚至连照相用的少数民族服装也没有，拿着清山寡水，淡月素风，别说星级宾馆，连大排档都找不到，吃酒得去农民家。

最草头班子的旅行社，一个照相机，一个qq群、一辆"二师兄"，便咋呼呼地敢把人往那里拉，人稍多点，老郑便说："超过我的接待能力，你们自己也要带车。"

这个最草头班子的旅行社到了周末还爆满，可据笔者了解，迄今为止，居然仅仅做到收支平衡，需要强调的是，工资、酒钱、设备折旧未纳入成本。

2012年10月，老郑组团到南京蟠龙湖游玩，笔者前往宣讲代耕模式，协助老郑完成第二轮融资并组建了尚品原公司，专业团队组织自驾游，每周末都组织超200人分赴客人喜爱的农庄去体验及农家乐，并同时宣讲食品自救代耕模式，效果很好。

农业没有固定的模式，只有因人而异的活法、野路子。有了一个好的开始后，故事再怎么继续，就看老郑及其伙伴们了。

第三章

践行全息自然农法感悟

　　自然农业讲究的是自然大美，首先当杂草虫子是宝——旺盛的杂草展现着生机，随时想怎么置换就怎么置换；各种虫子显示着灵气，不愁生态食物链不紧跟其后。自然农法则顺天补天，实质上是一种轻松自在、悠闲自得的活法，产品只求自然品质，只与知己者分享，广结善缘而营造出一种人类理想生存形态即生命生态圈。

　　而一般人理解的农业，首先当杂草、虫子是害，以为人定胜天，实质上是斗天斗地斗自己，累得要死要活。产品迎合大众要求的漂亮、鲜嫩，结果是始乱终弃——食品安全问题已经给足了证明。

　　完全不同的两种管理模式，确实不能放在一起相提并论。两种截然不同的心态及宗旨，也必然产生两种完全不同的结果。由此我们发现：从容、淡定并泰然处之，当虫草是宝的真善念、当万物是伙伴的真爱，或者真能感动天地鬼神！

　　自然农业，必须是一个结果推进一个结果，慢慢递进。对天地不够虔诚不能玩；急功近利不能玩。总之，过多的杂念只会累人累己还得不偿失，最后令自己焦头烂额——力量必须为诚心所引导才可能强大！

　　卡位，就是那些一步步必须尊重的过程；节奏，就是与天地、与自然合其序，不紧不慢，周而复始。总之，做自然农业要时刻不忘真诚善念，定能感召无穷的支持力量！

第一节
心态决定成败

一、少些"我的"，让心的容量放大

1. 农业，天生来不得半点虚假

只要是以占有或控制为目的的农业投资注定失败，目前还没有任何一种模式能让投资的增长速度超过土地消耗的速度。何况，如此大张旗鼓高调进入，召来的是大量的"吸血虫"，最后使项目步步为难。

人们通常的行为价值取向就是"可控"，投资自然农业首先想到的就是要拥有可控的土地和山林，其次是规模等。然而，自然农业似乎又有她自己的命运轨迹，常偏偏不按我们想象的那样来。

问题究竟出在哪呢？为什么全国各地千千万万自然农业投资人大多陷入苦苦挣扎中而不得其法呢？这正是我们要找的问题。

我们逐渐发现，原来，农业有太多的社会属性，无论你接受或不接受，她与生俱来的社会责任、民生责任、环境责任容不得我们胡来。

另外，太多类似"这山是我的"、"那水是我的"等"我的"东西，如同大山，沉重地压在大家的肩上，令大家举步艰难。

正是因为有了太多"我的"东西，反而让我们的视野、格局、步调等全部局限在狭隘的格子里无法跳出来，原来，这些所谓"我的"东西，如同绳索紧紧捆住了我们的手脚，反而令我们失去了更多未能"占有"的大好河山，难道不是吗？

所以，笔者认为：土地是农民的，山水是国家的，也都是自然的，其实连我们自己都是自然的，还有什么是"我的"呢？所以，所有以"占有或控制"为目

的事业，早晚都是"死的"。不如什么也不要，是谁的就是谁的。农民的地农民种，各就各位，各司其职，多好！

2008 年元旦在北京新发地，当我明白自己已经破产的时候，我突然开怀大笑——所有"我的"一下子全都没有了，我的农庄没有了，我的品牌没有了，我的合作社没有了，自己完全归零了，又突然发现整个行业都是我的了，整个世界也任我游了——这就是心的容量被倒空后的顿悟，有一种前所未有的轻松和喜悦。

之所以在自己什么都没有之后还笑得出来，那是因为，曾经的那些所谓"我的"，只不过是一种谋生的手段，而不是事业，或者我们的生命与生俱来便具有更加神圣的责任，而不仅仅只是生存。视野与思想认识的高度，从那一刻起，彻底变了，这正是我为之兴奋的缘由……

"大我小我不自我，务实务虚不务空，合作合作再合作，顺天补天身心乐"——这是笔者涉农过程中最大的感悟。虽然这里反复诉求放弃"我的"，并不强求"天下为公"的胸怀，但适当放大心目中的这个"公心"，人生的道路就会越走越宽，而不是越走越窄。

"农业的出路就是合作、合作、再合作"，即先开展"专业合作"，发展必要的规模，后发展"横向合作"，组织多样化产品结构，再开展"上、下游合作"，打造行业生态链。从而使这项事业变成一个可 360 度自动高速运转的球体，我们把这种自动力称为品牌力、营销力。

半路出家投身农业，也许我们永远都不会比农民更能胜任农业，不如用我们的知识、资源做给农民看，带领农民干，帮助农民赚。待农民赚钱了，而你赚来的是人心，这难道不是我们投身自然农业的真心追求的生命生态吗？难道不是更实在？

所以，笔者觉得：与其生硬地把农民土地全部流转后再返聘农民，不如以"联合社模式带着农民干"！农业天生也不是一个人的活，又是种植又是养殖的，餐桌的多样化需求及食品可替代性特点，加上季节性生产销售均大量集中，均需要我们好好掂掂自己的能力后才可涉足。

能否先帮助农民把物产卖得更好一些？能否先帮助农民活得更轻松一些，更自豪一些？再跳出农业的思维局限，顺应农业本来的民生、环保等社会属性，本着塑造"理想生活社区"的愿景，感召社会各界力量的支持，可能足够搞活一方水土了！

2. 自然农业，炼就的是一种功力而不是功利

上文说到：少一点自我，多装一些他人，全盘就容易活起来了。

对自然农业爱好者来说，生产者是天，消费者也是天，当我们使劲琢磨"天人合一"的时候，或曾想过：人也是自然的一分子，"天人合一"首先该炼出"人人合一"的境界来。

本文中强调的"功力"，并非功利心可以实现的。自然农业爱好者既然无法比农民更能胜任农业，那么等于是夹在生产者与消费者之间，要么你乐意站在扁担下，要么你试图坐在轿子上，功力或功利之心，显然易见！

全息自然农法行走全国推广近五个年头，从受聘湖南省休闲农业协会培训班讲师开始走向高峰，频繁奔走在全国各地服务。这些年来，采集过很多典型的成败案例，也亲自体验过无数家农庄，遇到的要么是被死死套牢并苦于挣扎的无力回天者，要么是牛哄哄的新投资人。笔者没有能力帮助大家解套，也无法劝服大家不要去跳崖。全息自然农法推广工作中最大的收获是是自己不断吸收到许许多多成败的案例及经验教训，丰满了自己。

在苏州太湖，有一家台湾独资的"自然农庄"值得我们大家学习。

一对来自台湾的兄弟，租地 200 亩，辛苦建园 10 年有余，并搁荒养地、引种驯化、开渠修路、造林隔离，忙活了 8 年，但开业还不足 3 年，之前除了投资涵养水土外，几乎没有多少硬件投资。

这正是他们高明的地方，因为他们明白：教育市场、培育忠实客户的过程会很长很长，如果硬件投资过早，折旧等自然损失会很大。而且直到他们开业前，所有的硬件投资也是冲着产品结构而量身定做的。

"生态教育＋餐饮采摘体验＋深加工"，一套相对完善的自我循环的模式，没有浪费、没有压力，稳步伴随市场的成长而成长，这是多么理智的投资呀。

恰恰就是这等"大傻帽"，与笔者相遇交流不足半小时，即达成合作关系并现场敲定合作事宜。

最终，"诚心被力量所引导才可能变成强大"，这种强大即是功力。缘分是双方长期坚守正确信念、守护核心价值的必然收获，是靠虔诚、耐性、操守等品德所炼就出来的一种力量！功力不够，善缘终不会到！世界还真的就这么奇妙——"所有的巧合是故意"！

在修行中修心，没错！所以我们认为：自然农业，炼就的是一种功力而不是功利。

二、新农人销售的只是一种活法

看塔莎奶奶、木村阿公、朴门农艺创始人，他们均是我们追求理想生活方式的榜样。笔者觉得，我们涉足自然农业，实际上首先销售的应该是一种活法而不是产业！体面的说，自然农业是人们渴望的理想生存方式，或者说自然农业是在打造未来人类理想生存形态！多年游历在农业前线，总结发现，城市人涉足农业，其核心价值是营销快乐活法！

如果说农业也有现成的商业模式，那早就不应该还有三农问题了。不是因为农民愚笨，更不是他们在年轻的时候缺少激情和创新，也不是缺少社会各界精英的深入思考。但农业风险、生产过剩、季节性集中、竞争，土地及农民劳动的价值被严重低估，农民长期受到歧视等太多太多的问题，大家都在积极探索解决方案。为实现和谐目标并让农民也过得体面一点，政府也在努力。

可见，这正是农业的复杂性所在。

曾经被"经营人心、销售人品、服务需求"这套经营理念所打动，对应我正在从事的合作社项目，着实起到了很大的帮助。我把"农家乐"（餐饮）化整为零分散到农户还不从中赚钱，赢得了广大社员及消费客户的大大赞赏。我搞生产资料联合采购，为社员节约大量生产成本；我免费推行技术，使产品质量得到全面规范。从此，人气有了，销售自然畅通，各方力量帮助营销，帮助公关，连同类产品产地的超市也偏爱我们的品牌并在当地引领最高零售价，影响力迅速成长，合作社也发展畅快。让我从中体悟出无穷的生活玄机。

自然农业更像是一种崭新的生活方式，是一种活法。塔莎奶奶、朴门农艺已经席卷了中国大地，更证实了这种说法。

三、投资农业不如投资农民

很多农民说：农业在等死，而玩农业是找死！我不信农业没有出路，并坚持一定要"犟赢"。

农业为何如此令人尴尬？

笔者觉得：由于我们起初过于自信，觉得单靠激情就能解放农业问题，对农业的认识深度不够。还由于农业牵扯到的方方面面太多关系，总在不经意间让我们措手不及。笔者涉农十多年，方方面面可能的突破点无不反复尝试过，也考证过，但最终还是认为"应该把农业归还给农民"——让技术、模式"到农民中去"，让自己只做擅长并乐意去做的事情，那就是通过帮助农民解决自家的食品安全问题。自从有了这一定位后，我就专挑农民最不擅长的事情去做并乐在其中。

总结自己十几年来的涉农体验，突然明白了一个核心道理：投资农业，不是投资土地，而是投资农民，让大家各自回归本分才是道理。

我们并不缺少农产品，甚至可以说早已应有尽有，只要有市场，再苛刻的要求也能满足。因此，农业真正缺少的是相匹配的市场；农民缺少的是组织、是集约化。

这就需要社会集中力量来帮助农民站起来、走出去，以大胆尝试"把客户请进来"。

只要我们真心尊重农民，投资农民福利及待遇，并确实体现社会人文关怀，多替农民着想，那么，农民以生产健康食品为荣不就是自然而然的事情了？

武汉自然农法实践基地有位年薪五万元的 80 后农民周国学，晾晒的几万斤谷子不舍得花钱请工，硬是独自扛进扛出，弄成骨折。后来，还查出骨质疏松的毛病，那都是因为长期亢奋、过于投入而累出来的毛病呀。他是感恩客户的信任和尊重，宁可自己没日没夜的干，处处都在替客户着想。

还有，我们在上海实践基地的老李也是五万元年薪。白天，老李在田间带头劳动，晚上，写管理日记、生产计划、农事安排等，总是忙到半夜。而且，还抽空学习电脑并不断打电话要求家乡的农民朋友学习电脑，钻研技术……

这些可敬可爱的身影已经给了我们最好的答案——农民是可以信赖的，他们的要求并不高，区区 5 万元年薪，他们在家乡也不难挣到，何必背井离乡、抛妻离子呢？原来，他们是冲这份信任、这份尊重而来……

这就是我们投资农民最鲜活的案例。比起市民亲自去做农民，不知节省多少投入，增加多少效益还乐得多少清闲。

这就是我们认为"投资农业不如投资农民"的全部理由所在。

一位农业投资人说："这个世界上的所有人都是农民，只是乡下人在地上种粮食，城里人在地上种房子，有的人在地上种票子。"

原来我们都是土地的消费者！

既然我们消费的都是土地，那么一切事情就变得非常简单了。

我们需要多少粮食蔬果？我们需要多少禽鱼肉蛋？土地已经给出了明确答案，目前的产量多少、产值多高、劳动力投入多少、多样化需求如何满足、品质的瓶颈如何突破？只有消费者才是土地的真正主人。

一直以来，我们只知道我们所消费的土地有政府部门在替我们管理，只是如今，这些部门似乎也焦头烂额，食品方面产生的种种问题，一下子令我们这些地主们措手不及甚至惊慌失措。

食品安全问题家喻户晓并越来越令人触目惊心，自救也好，自卫也罢，我们突然面临着吃喝问题的新选择。

　　那么，谁才是咱们满意的土地管理者呢？又该如何管理好土地呢？我们是否还可以提出一些我们的小小要求（标准）并确保管理者执行到位？

　　民以食为天，这天大的问题由不得我们不认真对待，它关系到生存和繁衍，关系到健康和快乐，关系到到咱们的生死存亡。事实很残酷，问题很严重，选择也艰难。

　　母婴家庭先开始着急了，各地母婴消费合作纷纷登场并四处寻找食物，所有稍有能力的人，开始支持农业，有的在找特供，有的在寻求直供，有的委托代耕等。越来越多的人开始寻求着更好的解决方案。当然，也有的在等死，一边傻乎乎地看着人家大吃大喝，一边侥幸地傻傻吃着、活着、病着、痛着……

　　其实，忙活着的人也开始发现，问题并没有从根本上得到解决，一些有机食品反而更假更毒更不靠谱，唉！为什么人家花了高价钱反而憋屈？

　　问题还是因为买卖，因为有了买和卖，生产者要控制成本，要发展规模，不弄虚作假成吗？消费者要外观鲜亮，价格便宜，成吗？双方反总是在博弈……

　　那么，最终的解决方案又在哪里呢？

　　想想吧，咱们才是真的地主，咱们真正消费的是土地！

　　深想，想通了你就会知道怎么做了！正确答案已经在里面了：我们拼命圈地再反聘农民要的不就是土地上的那点点产物？

　　既然我们都是土地的消费者，我们消费的是土地，那么，就让我们从水土的根源开始，用更为理性的标准购买或投资农民的劳力，并主动承担某些风险，我深信，食品安全问题可以得到很好的解决。

四、确保良好的开端

　　成熟的农产品已是最后的环节了，而问题食品均出现在农产品成熟之前。解决食品问题的唯一出路从水土涵养及人文关怀的根源处就开始守护健康产物，不直接购买农产品，而是购买土地及与之对称的劳动力，这样一来，土地上的产出不全是我们的了？这跟现行的农业模式完全不同，是一种彻底打破常规的新生活方式。

当农业下游的问题都圆满解决后，大家才会发现，农产品从水土开始到种植、养殖技术全程每一细节均直接关联着下游各个环节的生死存亡。农品流通的复杂性可能均在其中，这就是看起来为什么很多可以用钱解决的问题，唯独对解决农产品的流通问题总是显得很无力。

如今，越来越多深受食品问题危害的人开始醒悟并激发出全社会对农业深层次的反思及广泛的探索，可喜可贺。但一些新的诱惑让更多探索者快速走向极端而被彻底打回原形，似乎又让人有点悲哀。

回想到自己初建农庄时所走过的弯路与教训，那就是太小瞧了农业，以为农业没有什么技术门槛，后来才知道，真正要搞好农业，简直就是一门超大的学问。涉及的知识面非常宽。记得笔者曾经说过："不少农业爱好者对农业的认识如同"瞎子摸象"。其实，农业真不是大多数人认为的那样，否则，四千年探索而延续下来的种种农业问题早就应该彻底得到解决并不再令大家感到困惑了。"

后来，为了解决农品销售集中及储藏变质的问题，才逐渐追溯到生产农产品的水土环境及生产管理措施的源头。不难理解，破解农产品的保质、保量、保鲜等难题，我们可以在许多细节里去寻找突破，而自始至终所确保到位的细节越多，品质就越稳妥。正是细心地不断追溯问题的根源并在合作社庞大的实践检验的资源支持下，我们发现从水土的根源到全程管理措施开始就着眼于农产品遥远的良好结局尤为重要。

农业的复杂无非是从生产到消费的中间环节之多、保质期之短、抗逆性之脆弱而引发的种种问题，加上农产品上市集中造成的相对过剩，从而导致我们的农业让人忧喜无常、爱恨交加。

农产品生产从水土环境、灵活管理（在温度、湿度、雨水、病虫等变数无常的状态下敏锐地选择相对更为安全的管理措施，仅这一项就涉及相当宽泛的知识）、肥水控制，适时细心采收，释放地头热，预冷，保鲜，科学存放，包装，文明装卸等，可以说，每一大环节中又藏有许多小环节，且相互紧密相关并最终直接影响到产品的品质，其中，每一环节均包含了太多的科学常识。所以，我们常常在合作社社员培训中说：做农业就如同我们拉着板车爬上坡，没有到达顶峰前，只要我们一松手，板车就会自动下滑甚至还很快，还会远远滑过原来的起点。

农业轻视不得，确保良好的开端忽视不得，这是我正式涉农近十多年阅历所得的切身感受。所以，在洞悉事物遥远结局的基础上就把握事物的良好开端，对一位农业爱好者来说，至关重要。如同我们一出生就是男孩的话就注定这辈子没有办法当母亲一样。如果我们一开始就弄错了，累死也是白搭。

有时合作人认为我们独断专行，如果发现身边的朋友弄错了或者弄偏了，笔者会感到十分痛惜甚至比人家还更难过。

"不信老人言，吃亏在眼前"，这话真没错！巴菲特也曾说过："聪明的投资不是商量出来的，需要最内行的人独断专行"。此话送给那些曾经被笔者独断专行而受到某种程度伤害或者感到很不舒服的农业合伙人！

农业并非是我们所看到那样，其中原由理不清、道不明，唯有让我们一起努力使自己变得"冷静再冷静一些，深沉再深沉一些，敏锐再敏锐一些"！

五、唤醒人的良善之心

不容置疑，人与人之间的信任危机愈来愈大。真诚、友善的心愿在大多情况下反而被怀疑并受到伤害，建立人与人之间的相互信任已经成为一种不合时宜的奢望。

曾经热心助学，在快乐老家网络大结义的千余兄弟姐妹中募集了助学基金。

笔者曾经亲自物色的需扶助对象：一户贫穷的农户家有两个孩子正在读大学，学费全靠父亲捕捞鱼虾换钱来供给。禁鱼期，父亲违禁捕捞被抓获，工具被没收，学生断了生活费，夫妻俩为此吵得不可开交。我几乎是连夜征得大家的同意后并在第二天一早就把这笔钱送到了他们家，弄得人家一时摸不着头脑甚至很久之后还在半信半疑"天上是否真会掉馅饼"？

之后，我渐渐感觉到，平时非常融洽的关系突然变得尴尬起来，从此我取消了快乐老家助学基金的全部活动并常常深刻反思：做人难，做好人更难。

后来，椪柑产销协会运行一年喜获丰收，当时才有 33 户会员的协会，囤积了数十万斤极品椪柑，我等开发市场的信心大增，销售中心正式挂牌营运。

首批椪柑从协会以外的产地按照当时的产地价格 0.72 元 / 千克收购，哪知在开业的当天刚刚采购回来 1.5 万千克椪柑，就被客商以 1.3 元 / 千克购走。村书记当即要求我以 1.2/ 千克的价格把会员的产品先销售出去，我承诺直接按 1.3 元 / 千克现款收购会员椪柑。村书记非常满意，当即兴高采烈地到村里广播通告并亲自上门通知了四五家会员，哪知，村书记的好意竟然遭到全体会员的拒绝。

对这个决定我早有判断和考虑：如果会员同意交易，我就继续囤积（再储藏）到后期出售，必胜的信心来自咱协会的椪柑在生产、包装、分级全程的细节中均完成得十分到位而且不会烂。如果会员拒绝交易，那正中下怀——寻找"人心唤醒"的机会。

办法很简单：正当村书记火气上涌的时候，我笑着说：没有关系，您亲自上门通知到的几家会员，我明天好酒好菜款待并高薪聘请大家替我出门采购椪柑。

第二天，咱浩浩荡荡组织了多班人马，在老李的带领下深入主产区采购椪柑。

当咱们的会员看到人家小心翼翼、好酒好菜伺候，并负责装车时，当大家看到主产区椪柑价 0.7 元 / 千克，货源充足，回来后纷纷上门求咱收购他们的椪柑，着实让村书记大大得意了一把。

其实，暗自庆幸的是咱。为什么？因为所有会员的椪柑均在协会的帮助下，最后以平均 2.32 元 / 千克售出，如果扣除 0.6 元 / 千克的基本成本，咱会员的收益相对协会外的同行高很多。协会的美誉从此远扬，名气大振。

"粮食"，是一个"米"字加一个"良"字的组合；而"食"字，又是一个"人"字加一个"良"字的组合，这正是造字的先贤们透露给咱们有关"粮食"的天机。安全食品生产的生态环境第一要素乃人文要素、乃人心。人品即等于产品品质，生产与消费，如果没有一个好的人文环境，如果没有人与人之间的相互信任，一切只是空谈。

人与人之间的相互信任，人的良善之心，需要我们努力去唤醒，把握时机因势利导，变不利为有利，并让周围的人心从此表现出真正友善的一面来，才有咱们的农业事业健康成长的良好土壤。因为咱深信，埋藏在人心深处的那些真诚、善良、美丽等东西远远多于那些看似虚伪、恶毒、丑陋等东西。咱更深信，人们表现出来的那些看似吊儿郎当的东西，都是刻意"装"出来而为保护自己不受伤害的。对"经营人心、销售人品"的感悟，正是从那一刻起，渐渐地融入到我等的生命过程与反复体验之中。

六、欣赏和爱戴的神奇力量

"世间万物均只有在欣赏和爱戴的基础上才能产生兴旺"，这句话是自然农耕的精髓乃至心法。

当我们陷入太多的事务中而忽略了"欣赏和爱戴"的这个点，那么，我们打理的生态农庄就会因此出现混乱——秩序会快速进入极度的混乱状态，这样或那样的问题随即会接踵而至，甚至层出不穷。等待我们的就不是表面而简单的病、虫问题了。

2011年我在北京凤凰岭参观一块老果园，是凤凰岭的老技术员家的。苹果树均是20世纪50年代初期的老果树，我感觉那简直就是苹果树的祖宗、神树。看到这片果园，我心生敬畏。巡园的途中，老人的女儿一边回复我们的种种问题，一边说这些果树上的苹果都是20世纪50年代的味道，特别的与众不同，50年代的味道哟。

我在心里默许了这种说法，那是因为，年限较老的果树根部已经深入地心般的错综复杂，甚至一般程度的农药、化肥都无法到达它们的深度。真是达到了一种百毒不侵的境界了。

回到住所听老人讲述这片果园的时候，老人如同孩子般兴奋和骄傲多次强调："果树是有感情的，是懂得回报人们对其真心呵护的"，令我们敬畏。特别是听到老人说："这片园子跟我同龄，我在果树在，我亡果树亡"，看似一句笑谈，但背后，老人与这片果园相依为命乃至天然合一，"心在园在"的境界令我们惊叹，真想立即找到保护这片园子的积极措施来。

是呀，这个世界上还有多少人清楚：万水千山总关情？

"以心换心"或者是我们人际交往的习惯，但如果我们把世间万物也当成自己生命的生态伙伴，用"爱心种地"。我们深信，这刚好符合"家和万事兴"的道理。这不是故弄玄虚，而是事实，是我们成功开创这个项目乃至这项事业的基础。这是心法、也是功力，其他一切都是浮云。

很多时候，神秘的自然感召还真由不得你不信。

七、慢才是真

环境污染、食品安全、社会诚信等问题，让越来越多的人热切地渴望回归自然。各地蓬勃兴起的开心农庄、社区支持农业、都市农夫市集等早已席卷了中国大地。而经营好生态农庄，首先需要的是水土涵养，客户也需要慢慢影响渗透，完成这些功课需要漫长的过程，而且这个过程还真快不得，靠的是功力而非功利，否则等同自取灭亡。

十多年前，大批村集体的山林荒地廉价出让时，激发了很多进步人士下乡承包土地，甚至成为后来蓬勃发展的休闲农业、旅游农业的弄潮儿。如今回头再看，不难发现死伤一片，即使仍然硬撑到现在的农庄主们，无不遍体鳞伤，举步维艰。全国农庄主千千万万，竟然没有一家持续卓越的行业标杆？实在显得太过滑稽。

为什么会这样呢？

我国台湾独资的苏州坤元生态农庄也许能给大家一些启发。坤元农庄占地200亩，自拿到土地后，单改土、活土、植树造林、造渠隔离及种子驯化保良等，就有八年。待生态系统完全恢复后，坤元才试探性投资了少部分的建设并开始试营业。坤元如此淡定，实在让人感到惊奇。而且，他们对有违经营理念的东西一律拒绝，即使会很赚钱，坤元也绝不动摇。例如，坚持吃素，坚持不杀生等。老板说得非常到位："市场是需要说服的，说服市场是需要过程的，而且过程是很漫长的。而过早的硬件投资只会造成极大的浪费，即使不过时也会大打折旧，需要花大钱更新"。

而很多人一开始就大兴土木，大干快上，凭一时的兴奋和热血，结果往往是非理性的，让那些并不成熟理念肆意发挥，给自然环境带来极大破坏，自己也得不偿失，巨资的建设不是过时就是老化，大多成为无效投资，变为不良资产，成为负担累赘，导致龙游浅滩。

太多大干快上者都是提早收工，目前，那些苦苦支撑着的农庄投资先驱者，就是最好的证明。投资过亿而搁浅的生态农庄比比皆是，笔者亲眼目睹了农庄老板无奈许可员工拆大棚钢架、挖热气管道当废铁变卖以后维持度日的凄凉景象。

自然、土地真承载不起巨资的践踏，它们要的是真心的关爱和友好，是我们的爱心和善念。如果早期他们也具备坤元农庄的智慧，结果又会如何呢？

"生机静静萌动"，"温顺地存在是最合适的"，我一直很喜欢这样的句子，喜欢这样的意蕴，这样的哲学，这样的思考，这样的生活，这也许与我对"欲速则不达"有太深刻的感受有关。

"匆忙未必是真正的迅速"，速度并不完全代表进步。交通、通信便利带给我们生存方式的竞争也更残酷，使我们大家"总是在过着争分夺秒与生活赛跑的日子"。这种惯性思维如果被我们带进了农业，只会大错而特错。

涉足生态农业，或许是我们回归自然最直接的方式。生态农业看似无比简单但最能折磨人，它首先要求我们淡定，真正"慢下来"，"以天地合其得，以四时合其序，以日月共其明"，而我们大多人且带着商业的智慧与功利的心态，自然是"牛头错对了马嘴"。

乌龟和兔子赛跑的故事，也许是作者在提醒我们："慢慢爬才更快"。在我们传统习惯用语里，"慢慢走"、"慢慢吃"、"慢慢忙"之类的话不知听说过多少遍，这些"慢慢"落实到生活中已经在国外成为一种时尚。可惜，我们常忽略了它们的真实意义。

每个人的每一项活动，背后都有千万双眼睛盯着，有的人是寻求经验教训，有的人是探秘运动模式，或者试图模仿或试图超越，你信吗？

绝对纯真的信念是我们感召这些眼球及其跟随的唯一资本，如果我们稍有偏差，很快就会觉得自己的道路越走越窄。

机会都是自己创造出来的，如果我们渴望的机会还没有出现，也不必气馁，那是因为自己"还没有准备好"。继续坚持反省自己"心态是否端正，信念是否纯真""跟着感觉走，紧握梦的手""该来的早晚会来"——曾经流行过的歌曲真的富含哲理。

慢，才是真，也只有慢，才有稳。投身生态农庄，水土涵养的过程尤为重要。越慢越稳，越慢越真，越慢结果会越好。涉足农业要坚信：慢慢爬才更快！

八、从心开始的生态教育

水利万物，

土育苍生，

涵而不泄，

养心生息，

区区天人。

枯燥的理论灌输或书本教育，让人们缺少了亲身体验和感悟的心路过程，失去获得这些知识的快乐。

1. 以人为本的生态文明是中国一切文明的基础

自然是什么？自然是人类的母亲，人类只是自然的一部分。面对自然母亲，我们要做的不是去征服，去污染，去当家做主，而是要去敬畏，去爱戴。

人类的伟大与其说是善于改造自然，倒不如说是善于改变自己。保护生态、维持生物的多样性，是人类生存和发展的基础。

生态文明是中国一切文明的基础。女娲补天的上古传说，告诉我们，所谓补天，即顺应自然以弥补大自然之不足，主张"顺与随"，表现在人与自然之间的关系上是敬畏、认识、补充的和谐统一。这样一来，天、地、人相互之间是相互依存、相互补益的。这种质朴而科学的重视自然规律和人的关系的生态文明，终使华夏文明成为世界生态文明的重要一支。

所谓"人定胜天"，就要更多从自然中夺取，它主张"斗与争"，表现在人与自然之间的关系上就是恶性掠夺。这样一来，天、地、人相互之间是分开的、对立的。世界人文关系的紧张、环境恶化问题、食品安全问题与莫名其妙的疾病等诸多乱象，均是这一逻辑的结果。

"与天地合其德，以日月合其明，与四时合其序"（《周易·乾卦·象言》），正是补天思想对待自然的态度和节律，也成为华夏民族信仰的灵魂及其文明的思想基础。

2. 这是一个值得让人深省的时代

当前世界大多数人普遍认为，解决当前人类社会各种矛盾以及世界性难题的方法就在传统的生态文明智慧里。西方世界经过无数次的教训，开始热衷于对生态文明的研究和应用，取得了令我们羡慕的成就，表现在青少年教育方面，"游学"已经成为西方教育的一种主流。"游学"的本质就是让孩子在体验的过程中去认识自然，了解自然，从而获得对生命的认知。只要我们输入"游学"百度搜索一下，就会发现高达139万页面的相关信息。可见，生态教育，对于青少年的成长及发展，意味着什么？

3. 从心开始的生态教育刻不容缓

俗话说："小胜靠智，大胜靠德。"

返璞归真、回归自然，这是美好心灵与健康生命成长的土壤和基础。

与自然融为一体，去和自然沟通，认识自然并感悟生命的真谛，这是生命快乐的源泉。

把滋养我们生命健康的每一滴水、每一粒粮都当作是上帝的礼物来欣赏并感恩自然的丰饶，这是一种绝对纯真和宽广的胸怀。

真心关爱自然、善待他人，让内心充满真爱而使虚荣无处容身，这是一种光芒四射的美德。

而这一切爱心的自觉培养，才是我们获得真智慧的唯一途径，同时具有强大的生命感召力量。

其实，生命的过程就是一种感召。

你是什么样的心态及思想，就会感召到同样思想的人为你欢呼，虚荣的炫耀只会感召而来强盗，围在坏人周围的人不会有好人，这就是被你内心的某种力量感召而来的。

美好的心念绝对是一种能量——纯正的信念能感召到自然力量的支持，如同心想事成。

让德性魅力的光芒照耀你的周围，正是我们修心养性所追求的境界。车轮的力量源于轴心，从心开始的生态教育刻不容缓。在修行中修心，在回归自然的历练中不断总结，完成获取真知的心路，让生命渐入佳境，才是我们育人的基础，也是我们为和谐社会培养有用之才的终极目标。

我们呼吁：从我做起，从身边做起，回归自然，返璞归真，从生态文明起步，重塑德性的光芒，先一步找到开启生命智慧之门的钥匙并感召更多人跟随。

4. 生态文明之禅修——使自己重新生长一次

有位作家的演讲中提到："如果把自己扔到一个完全陌生的环境里，尤其一个完全不熟悉的、跟自己文化完全不同的一个国家，语言不通，也没有认识的人，走到什么地方很无助。这时，你会感到无比失落极限伤感，但你得用零状态去感觉这些伤感和失落。这样一来，你会发现你的神经被全部打开。把你所有的人际关系，所有可以借鉴的、索引的信息都降到零，这样你就会回到一种常态。在那种环境里，你会注意人的表情，你会注意人的眼睛，你会注意人家那个身体的那个态度，你甚至会注意到人家跟你握手，手指头给你的感觉。也就是说，你一下把全身的神经都调动起来了，实际上是让自己醒了过来，又重新生长了一次。"

人类与人类甚至人类与动物相互之间还能找到许多的共同点。笔者觉得，还有一个更为陌生的环境值得我们去勇敢地拥抱它而获得生命的升华，那就是把自己的身心完整地扔到大自然里，专注去读自然的语言，去关爱自然的痛痒，甚至更彻底的调动全部神经去感觉、呵护那一草一木、一山一水，找寻支撑你生命的信息及食粮。这样，你就会找到上面说到的那种收获——就是身心回归自然后重新生长了一次的那种快乐。

第二节
思想的高度决定行为的价值

视野决定成败，思想高度决定行为的价值。

世界很大很大，而我们的心很小很小，或者说，世界很小很小，而我们的心很大很大，我们用第一句话来安慰那些还没有成功的人，也可以用第二句话来安慰失败了的人。

从这里我们可以感悟到，心太大或心太小，都是风险，唯有适合才是硬道理。

这里所说的"适合"，就是我们找到的定位，也称"卡位"，那就是用我们的资源、实力、智慧（知识结构）为我们所要开创的项目明确一个适合的发展卡位（做什么和不做什么，什么做得什么做不得）。

一、让真诚成为一种习惯

1. 机会在哪里？

我曾经问自己，有钱了我做什么去？找到的答案是好好做人，"好好活，做有意义的事"。

那么，直接好好做人，努力去培育自己的人格内涵，用德性的魅力感召自然力量的支持，我还要很多的财富做什么？这种自然支持的力量包括人心所向的精神力量及珍爱环境而获得的自然回报——这就是"力量被诚心所引导"而赢得的最好回报。

谁是你最重要的人？什么是你最重要的事？一个国王在经历过一场生死劫难后悟出："在这个世界上，最重要的人，就是眼前需要你帮助的人，最重要的事，就是马上去做，一点也不拖延。"

那么他们为什么最重要呢？笔者认为："只有在我们把所遇见的人和事与我们一生所从事的事业紧密联系起来，我们才会顿悟这些人和事其背后更加深远的含义。"

这"其背后更加深远的含义"又是什么呢？难道不就是我们寻寻觅觅或者时刻等待着的机会？也就是说，我们寻觅或等待的机会其实就在我们的眼前，这样的机会或许就是"蓝海"，或许就是我们好好做人、做事所收获的最好产品。

对，机会就是我们努力追求的产品。善待别人是一种胸怀和气度，关爱别人是一种涵养和美德。学会珍惜——多多珍爱眼前人、珍爱眼前事，我们的人生之路就会越走越宽。

关于机遇，这里有两个小故事。在我的家乡，有位天真的放牛娃，喜欢每天在放牛的空闲里与一个看大门的老头子玩耍，听老人家讲打仗的故事，而且常感动得直流眼泪。多年后，老头子不见了，放牛娃及全家人也突然蒸发了。又过了好多年，大家基本淡忘了这件事情。偶尔听到一些消息，说那老头子原来是中央的特大首长，是被秘密保护来这深山老林看护军工企业大门的。放牛娃当兵去了，一家人都转成了北京市户口……

在我家乡还有这样一位老朋友，原本是小学毕业的出租车司机，经常接送一位老人办公差，渐渐地，小司机和老人越来越亲近……后来老人忍受不了地方上各色人物们的巧取豪夺，一气之下把一家总投资超千万元的实木地板厂送给了这位小司机。当地方绅士豪杰正暗自盘算老人的财产时，迎来的却是小司机登堂入室的消息，众人张口结舌、尴尬非常。

这该是放牛娃、小司机的机遇吧。可仔细想想又并非完全如此，试想如果没有放牛娃、小司机那些大家共同认为应值得欣赏的真实品质，这样的机遇还会自动降临吗？

如果我们敷衍生活，生活就会敷衍我们，认真对待生活也是一种受人欣赏的好品质。把进入大脑及视野里的任何人和事，都当是上帝安排，都选择欣然接受。在我们的心目里，只有外界影响的深远含义和"上帝的安排"这样的深刻道理，而没有了自我。时刻保持真实、友善的态度，面对生活的一切挑战，立即行动。结果，这种状态下是永远的空心状态，心的容量可以更大，积累也因此变得逐渐丰富，很多时候可以直接感觉到思想前进的脚步声。我感觉这是一种最佳状态的活法，用心与外界交流从而获得无穷的快乐，其他那些看得见的东西反而变得没有轻重了。

"保持敏觉的目光，环顾四周，试着去找出那喜乐的事物，让它充满你的心灵，在那个片刻，忘掉每一样东西，让它充满你的全身。品尝它，成为它，让它的芬芳跟随着你，它会成为你生命的一部分。当芬芳成为你的一部分，别人也会时时感觉到你的芬芳，从而使你变得更加正面积极。"（周国平《纯粹的智慧》）

"纯粹的智慧"告诉我们要"学会随时把自己倒空"。没有抱怨、漫骂，没有刻薄、尖锐和恶毒，甚至连烦恼、生气都觉得没有任何必要。这些消极的情绪一旦充满了内心，我们的内心就变得狭窄了，受伤害的只能是我们自己。生命很短暂，需要我们从珍惜自己开始，珍惜眼前人，珍惜眼前事，珍惜时间修炼内功。只有理解、欣赏和爱戴，才是真正快乐的心态和人文开放的精神。拥有了这样的心态，就会拥有一个美丽的世界。

我们相信，所有"用心珍惜"都不会白费，我们内心的修为达到了什么样的程度，就会有同样程度的东西找上门来寻求匹配。或者，我们身边总有千百万这样的机遇在寻找着我们，最后总是因为我们自身没有可以匹配的接口，导致机遇伤心地离开……难道不是这样吗？

任何事物的魅力都不会停留在事物的表面，需捕捉隐藏在事物深处的真实含义，领悟它潜在的或是遥远的价值与意义，真正的艺术、真正的完美、真正的魅力，皆隐藏在其中。很多情况下，人看人并不只是看本领，更倾向于看心态、看精神、看注意力的方向及所聚焦的程度，当我们为人处事拥有了这些细节上的饱满，就能证实我们全部的内涵与胸怀，属于自己的机遇就该降临了。

2. 天真无邪会招来好运和成功

也只有天真无邪，才可能无懈可击，概括起来可以称之为"天真无敌"。"如果我们在精神和日常生活中，都如同在自己家里一样真实，获得了这样的从容并超然于劳苦之外，天底下的所有原则也就掌握了。"

这是《易经》里的思想，也是对我影响持久的行为指南。我们并不是自己资产和财富的唯一的主人，财聚人散，财散人聚，说的也是这个道理。信赖才第一亲。有了信任，我们便不必有很多的财富，因为我们随时可以依赖这种信任，获得所需要的帮助。一个人的价值并不在于他拥有多少财富，而在于他拥有多少信任，这就是我们常说的人脉资源。

做人自然很难，做好人更难。我们在方方面面不能不采取一些经验、一些技巧化的处理才可以获得相对的圆满。而阴谋真的很累人，做的时候累，防守的时候更累，如果我们用如此的用心和努力去追求这样的快乐，那这快乐对我们来说还算是快乐吗？所以，大家几乎都在探索如何把复杂问题简单化……

让真诚成为一种习惯甚至转化为本能，那就是坚持永远天真地存在。

很小的时候，我的父亲就教育我说："用过了东西一定要归还原处"。逐渐这个习惯就在我的生活中自然而然地形成了，甚至成为一种生活的本能。后来逐渐感觉到，这是一种很好的习惯，它给我的生活带来了极大的便利。小时候经常停电，一旦遇到这样的时候，我闭上眼了也能找到自己需要的任何东西。日积月累之后，这习惯就如同一种本能。假如我们是在战场上和敌人对抗，在黑暗里比找枪的速度，那这样的好习惯本能化之后，不等于在救自己的生命吗？原来，好的习惯是可以救自己命的。

做好我们自己，用心呵护眼前我们生存的生态环境，就是对人类的最大贡献，而真实的存在永远是最合适的，即使偶然可能会得罪他人或难于被大家理解和接受，但最终可以被原谅。虚伪可能获得一时的欣赏，但最终会被人识破。所以我选择天真地存在，并时刻鼓励自己"天真无邪、无懈可击"，或许这种天真不被信赖或错过很多喝彩，但我认为，既然是可以错过的喝彩，那么这样的喝彩就不可能是真实的、长久的，只能是相互企图的利用，或许是未来悲哀的起因。

如果我们把他人的眼睛和感受比成是一面镜子，那么，我们的内心里有什么，镜子照出来的肯定就是什么，我们有多少，镜子就能照出多少来。我们的任何一种行为或态度，镜子都会完整地照出来，没有谁能伪装到永远，难道不是吗？"接打电话时请保持微笑，因为电话那边的对方能感觉出来"——这话说得多好！这还是在告诉我们要重视真实的存在。

3. 真实的存在也需要执着

自然界周而复始的道理告诉我们，世间最强的和最弱的，最终恰恰在一起，如同一个圆的起点也是终点，终点就是回到起点。《圣经》也说："对于有的，还要加给他，让他有余；对于没有的，连他仅有的，也要夺去。"

世上本来没有"成功"，所谓的成功，只不过是前一故事的结局，又是下一故事的开始。兴趣是起源，快乐是归宿，这就是我们值得执着坚守的灵魂。喜欢就去做，做我们想做的自己，就是最好的活法。看淡得失成败，排除一切心理难以平衡的干扰，开创事业的执着精神就不难培养起来了。"沙漠中的一株仙人掌，它自有它生存下去的办法。而计较它有刺的恰是我们自己，在我们计较仙人掌有刺的时候，何不去发现和学习它身上对我们有益的东西？"

其实在这里说这些，是因为它们可以成为我们心灵安慰的良药，可以让我们永远保持内心的高度宁静并聚焦注意力方向，如同野狼紧盯猎物不放。坚定我们自己喜欢的活法并持续地走下去，太需要这样的执着精神了。

我们的大多数烦恼，都归因于我们过于强调生活的合理性，而且大家各自的合理性的标准还不大一样。"不以物喜，不以己悲"，这是多么坦然的状态，成就生命的快乐特别需要这样的状态，需要这样的豁达和淡定。

待有了上面的认识并彻底领悟后，我们就会明白，所有的抱怨、牢骚、痛恨等不良情绪，只不过是我们自作多情的反应过于激烈罢了，这些浮躁的表现只会困扰我们，难以获得内心宁静和敏锐，只是自己在伤害自己，要学会拒绝所有消极因素对我们的影响。我们的许多问题，都不是由于外部的阻碍，而是由于我们对外部阻碍的认识及其反应所造成的。为了避免自作多情的反应过于激烈，我们要多开放性地接受外界的影响并时刻保持内心的宁静和纯净。

二、模拟创业——在学习中感悟的辅导技巧

其实我们无时不在准备创业的过程中等待着机会，这就是相对安全的"模拟创业"（试探性）的原型（类似游学）。在准备的过程中等待机会，重点是准备，而不是等待！机会没有降临，只能证明我们的准备还没有到位。就是这种"准备"的思想与活动，促使我的认识逐渐变得丰富。

感谢我在"模拟创业"过程中的辅导老师朱先生，我思想的进步全部源于辅导老师悄悄设计的圈套，正是这个圈套，把我心里有却始终沉睡着的一些阅历和积累激活了，使我在辅导老师的这面镜子下，可以被清晰地反射出来，并把这些沉睡的东西引到了正确的方向上（善于积累不错，错在不善于总结）。

我的辅导老师用一种"学会随时把自己倒空"的理念贯穿全程对我展开辅导／孵化。原来，正是这个"自我"，在限制我们的进步；原来，斗自己才更辛苦。

1."都是我的错！"

最开始的时候，我的辅导老师不冷不热地扔来这样的一句话："都是你的错！农民的橘子卖不出去是你的错，卖得不好也是你的错。"

这是什么思想、什么意思？人家的事情关我什么事？开始我还真是这样想的，不搭理他得了。

虽然当时老师的这句话并没有引起我的注意，但这句话且如同魔咒般地深深烙在了我的心底，每次遇到有农民在抱怨行情价格、贮藏困难等问题的时候，这句话就自动跳了出来，让我总是带着深刻的反思寻求可以有效解决问题的途径和方法。这种反思带给自己的进步是非常明显的，因此，渐渐对仅在网上有一面之交的老师产生出一种特殊的敬佩……也就是这句话引发我们"强烈的责任感"与"角色意识"并"进入到状态之中"。

2. 破解行业问题的办法就是最好的产品

柑橘是一个生产相对过剩的传统产业，全国整个南方都盛产柑橘，可以预见的问题可想而知。摊子闹大了，不找老师还真烦恼无穷呢。可我的这位老师还是不冷不热地扔过来一句话："破解行业问题的办法就是最好的产品，而且要确保

即使是小学生一看就能懂，一懂就见效。"

难度确实有些大，写比做可难多了，把一件事情做好不难，但想把它说清并保证人家完全能明白，的确不容易。但想想老师的话，还是觉得非常有道理，那我就继续琢磨吧，也幸亏有了老师的这句话，才使得今天的《全息自然农法》完成了初始的积累。

带着挖掘行业问题的大理念，我一头深深扎进了行业问题的海洋。我自嘲地说：挑战个人能力极限的时刻开始了。这是一条不归路，每让我找到一种解决问题的方法，就如同获得巨大成功，陶醉在其中快乐不得了，自名"快乐老家"，还发起"网络大结义"，集资数万登记注册了"快乐老家"商标。

我也不忘时常给老师汇报，但从来没有得到老师任何夸奖，反而说我只是为了发泄。还真遇到一位不招人喜欢的怪人了。我最庆幸的一件事情是我把"椪柑储藏腐变的问题"分解为几十项关联指标并标注了分数，从而让更多的成员理解了生产环节对产品品质的把控，从而推广了有机肥的种植管理。这对我实施品牌路线的"产品质量控制"可是一个不小的贡献。

估计老师是这样想的：放手你去折腾吧！碰壁了你还会自动回来的。这个世界没有对与错，由许多错（错误）铺垫出来对（正确），才够可靠，更持久……

3. 解决政府想要解决的问题才是企业最好的成长空间

正当我满足于许许多多小成功而十分得意的时候，老师又扔过来一句话："解决政府想要解决的问题，企业才有最好的成长空间并可以获得永续的卓越。"

原来，让我满足的所谓成功在老师看来肯定是太小儿科了，我因此而突然羞愧起来。开始对老师感到敬畏并庆幸自己在漫长的创业路上找到了令自己非常满意并值得跟随的导师。

这提高了我对行业的认识，"解决政府想解决的问题"，该是多大的概念呀……

视野决定大脑，思想的高度决定行为的价值，一位还在创业门外徘徊的农民，竟然揣着大家风范的胸怀。就是这句话，使我们从挖掘行业深度的开始走向攀登行业视野高度。

4. 搭建行业生态链

这个课题足足让我思考了一年，在一个睡不着的半夜里，心中突然绘出一幅图画，急忙起床把草图描绘出来并放到了自己的博客里，还给老师的 qq 留言，扔下这篇博文的网址。

早上起来打开电脑，老师的回复是："非常不错，辛苦了"。

前前后后五年呀，一直自认非常聪明的我第一次得到老师的夸奖，自然是万分高兴，借兴和老师开始了讨论。讨论的结果是我们还需要一个可以营销的平台。

5. 营销平台的思考

原来，创业还不是资金问题，许多项目到最后其实不需要很多钱！我彻悟！

我们真正需要的原来是发展的平台？怎么给自己找到或搭建一个平台？项目、人才、资金、还有避免被行业下游盘剥的渠道建设更为关键，四大立柱才是保证我们的品牌、产品能居高闪亮的平台呀。

6. 品牌管理系统

在努力寻找可以营销的平台期间，老师竟然带着鼓励的口吻要我写书，要我"发力试试"，感谢我的老师——这样的老师你没有办法不佩服，甚至佩服到使自己开始丧失全部自信的地步，佩服到令所有佩服我的人都很不服气，因为长期以来在朋友们的心目中，我也是足够能干并令大家佩服的人。人呀，千万别愚蠢地陶醉在别人的赞歌里哟！否则，真不知道天外有天了。

7. 寻找创业项目的切入点

老师扔来一个"品牌管理"的目录，还说是宝贝，要我按照那套目录把我对农业的认识、故事装进去，待我把"合作社品牌管理"初步完成后，我的老师又要我把种植的技术完整地写出来，要求是故事而不是说道，还必须保证读者读来觉得过瘾。

我硬着头皮地干着。完成了这些写作后，老师又问，你真正最需要的是什么？

我们想做什么？要到哪里去？……越来越高级的创业问题开始深入到我的大

脑，进行自动的匹配、咬合，系统的知识相互碰撞，也产生兴奋的火花，那就是寻找"一个又一个点，再结合为一个面的过程"。

认识了解一个行业后，就该寻找更容易、自己最擅长的（这就是我们要做的品牌）切入点了。

后面的故事还很多很多，过程已经很美。目前，我们正在共同努力，力图把各自的积累产品化、标准化，奔着更高更远的目标去跋涉……

感谢老师长期耐心的孵化，石头也能变成悟空；感谢老师良苦用心：把学生也当未来能辅导更多人的老师来培养。

没有秘诀，多做准备，多模拟，做足必要的功课，这就是备力，这不会耽误我们什么。只要你真的准备好了，属于你的机会也就来了！

第三节
给全息自然农法爱好者的建议

一、从一双红皮鞋激活一项产业说开去

1999 年初建农庄时，笔者在农庄周围结交了不少实诚的农民朋友，也时常找同学、朋友收拾一些城里人不需要的物件，大至彩电、冰箱、电扇，小至衣服、被套等转送给农民朋友。

笔者后来发现，被转送给农民朋友的几件西服，他们平时并不舍得穿，只在走亲戚会朋友时穿穿，很爱惜。我为之感动，并不露声色加重了对这类物件的采集。

小满（化名）的孩子 3 岁了，有一双穿了不到一年的红色的皮鞋，孩子已经穿不得了。扔了可惜，放在家里又占地方。

某日笔者到小满家串门玩，小满委托我帮助在乡下找农户收购 50 千克花生，说老父爱吃生花生下酒。我立即想到老毛刚刚收获了几百斤花生，便点头答应了。老毛的孩子 2 岁左右，特招人喜欢。

小满有求，我自然不能推辞，但习惯性地询问他家是否有淘汰的物件？小满的夫人立即回应说正为一些东西找不到安放的地方而苦恼呢。

那双红色的皮鞋很自然的被装进了袋子，我暗自庆幸为老毛的儿子淘到一件宝贝。

回农庄后我立即翻出那双红皮鞋，直奔老毛家而去。

送上红皮鞋，并请老毛帮助筛选百把斤花生，我的差事就算完成了。

三天后，老毛夫妇来我家说："何叔叔送给孩子的那双红皮鞋，孩子穿上后一直不舍得脱，不舍得踩地，怕弄脏了鞋子。三天不洗脚，睡觉也不脱，连吃饭都是坐在床上由大人喂着吃的"。

说者无意，只当是玩笑，听者且有心，似乎感悟到什么很重要的东西而陷入了沉思……

我领着老毛带着花生进城了。就为感谢那双红皮鞋，老毛坚决不要钱，而小满坚决要给钱。

推辞来推辞去，城里人怎么也倔不过农民，小满只好收起钱。但小满夫人觉得过意不去，进房把刚刚花了近千元买来的化妆品送给了老毛的夫人。老毛夫人并不知道化妆品的价格，推辞了几个回合之后，就顺水推舟地接下了。回来后，才发现包装内的化妆品价格，觉得欠下人家的大人情，想来想去觉得过意不去，最后跟老毛商议：把家里的土鸡、蛋、自家单种的谷子等，使劲往城里的小满家搬，过年杀猪的时候，还专程进城请小满全家到下乡做客。

老毛骑摩托摔伤住院了，小满夫妇前去探望，在水果篮里悄悄放了 500 元的红包，老毛夫妇发现后感动得满脸泪花。

过年了，小满家孩子爱吃的香肠，比农民家还多。整个阳台上挂满了香肠，馋坏了楼上楼下的邻居，小满的孩子更是骄傲得一塌糊涂。

老毛的夫人开心程度我感觉到了。那化妆品对一位天性爱美的农妇来说，可谓奢侈之极。小满夫人的这招确实够狠、够毒！一招制胜拿下农户内当家！哈哈！

这来来往往持续至今，小满家的粮、油、菜、鱼、肉等等，几乎全家日常的所有食品，全部被老毛家承担了。频发的食品安全事故闹的沸沸扬扬，人心惶惶，而小满家从未有过这类担忧。

这在我眼皮子底下愈演愈烈的城乡往来，演变为后来快乐老家协会、合作社以"人文关怀"切入农耕产销活动的法宝！后来的农家乐化整为零分散到十多户农家，而且，协会、合作社并不从中赢利，"放任农户不要钱，食客们总多给"的感人氛围逐渐形成气候，参与其中的食客及农家也越来越多。一双红皮鞋带来的故事破解了农民合作社模式成功的密码。

一份真正的尊重、一份真心的关爱，足够缔结出城乡互助的和谐氛围，就这么简单！一项产业的兴旺，就是这种"人文关怀"的产物。

二、一开始投入不宜太大

一百年前，乡村建设家晏阳初先生，为我们留下了"欲教化农民必先农民化"的宝贵经验。

不少城市人一下乡，看见什么都兴奋不已，田间的小菜也好，满地跑的土鸡也罢，城市人见了一个劲的叫好。可惜，这正是农民求之不得的，因为他们可以放肆叫高价了。这等于是故意让农民对你表现出"不友善"的一面来。这怪不得农民，因为你刻意装萌、卖嫩，好像不尽情显摆一番就无法体现出自己的高贵，这摆明是在跟农民划界限、拉距离，农民讨厌这等自作多情般的矫情。

新一轮的上山下乡，大家不就是想到农村去"讨"些地道的食物吗？值得那么夸张地去摆谱吗？

我们走进农村，开创农业项目，理应先经营好人心、涵养好人心，让周围的人们对咱们先表现出友善的一面来，才是正道。这一步得时时刻刻"如履薄冰"才行，农业的玄机尽在其中，所谓"人情练达"的深刻内涵尽在其中。

所以我们说：农业是深沉而智慧的全新挑战！

而大多数人钱多的时候，往往不理解什么是低调，他们从一开始就没有规避好可能产生的破坏因素，从而撩拨出外围环境的邪恶力量，导致"大鬼小鬼集体附身吸血"，加上人心得寸进尺的贪欲，最后只剩下故意出乱子的，没有帮助搭架子的，如同邪恶力量集体出击，让人无从招架。遇到过不少牛人，他们口中的农业都如同唱歌一样简单，我在边上听到了都着急得惊慌失措，很多惨痛的教训不正是这样形成的吗？

所以，我们觉得：农业天生得穷干。资金也好、雄心也罢，均可先"穷一下"之后再进村。

所有用钱就能解决的问题根本就不是问题，否则中国农业早没有丝毫问题存在了。不用钱或少花钱就能把问题解决好，才是真的智慧。

农业天生得穷干，不知这话有多少人能真懂！

三、从天价鸡来谈农产品成本

"斗米养斤鸡，斤鸡不能值斗米"，这是一句老话，意思是说，一斤鸡肉要一斗粮食，而一斤鸡卖不到一斗粮食的价格（一斗等于 10 升，等于 6 千克，全书同）。

那么，大家为什么还要养鸡呢？我们为什么又一直很便宜就买得到呢？这种传统或习惯存在的原因究竟是什么呢？

1. 农业的本质属性首先是生活性的

"穷不丢猪，富不丢书"，这也是一句老话。家庭小规模养殖，在小农家庭一般仅作为自家调剂生活而用，或者是转化剩饭菜即废物利用而为。过去，贫穷的农户也会为解一时家用拮据而出售。在过去商品化程度还不高的时期，农业的生活属性非常明显。小时候我们家住城镇而工作在农村，城里的垃圾坑对我来说可谓记忆深刻，那个时候，我家养猪养羊相对多一些，因为城里的垃圾几乎没有无用的，都可以回收，要么成为动物饲料，要么是最好的堆肥材料。

2. 农业的本质应该是利用自然

农耕活动实质上是尽可能充分而合理地利用土地、阳光、雨水等自然元素来满足人类的需求。而大量的荒山即人力难于开垦的土地、山林等有效利用，说明了农业利用自然的本质属性。对于那些人力够不着的地方，农民便利用禽畜养殖进行转化。农民利用蜜蜂采集花蜜是非常生动的例子，还有散养的山羊，可以到悬崖峭壁上去觅食，散养的鸡在山林可以无孔不入，这类养殖的人力成本在其中可以忽略不计。

而且，穷人比较公道，对于那些没有付出太多劳动的散养禽畜，自然不会计较某些投入的成本，例如蜂蜜长期以来在农户那里才 30 元 / 千克左右。因此，"斗米养斤鸡，斤鸡不能值斗米"的不合理现象得以延续。

而专业规模化养殖，就另当别论了，特别是有机养殖，一般 1 千克禽肉产品至少需要 5 千克有机粮食，至少折合十倍的有机青饲料，如果换成有机价格来计算，那有机肉产品仅饲料成本价至少也得百元一斤了。公开成本，会令广大消费者更无所适从，所以说考核成本的说法或做法实质上是一个极大的误区。

当然，农业还有文化传承、原材料供给、教育等更多社会性的属性，这里咱先不说。眼下，自建农庄的人越来越多，自然养殖产品的价格也越来越离谱并一直深受市场质疑，但一直没有一个明确的答案。

如果认真计算成本的话，消费者还真无话可说。确实，专业养殖自然可能真是"斗米养斤鸡"的高成本。也就是说，所有的养殖户均能精确计算出一只鸡 100 元是亏本，200 元还是亏本，而且理直气壮，可以令所有的质疑者哑口无言。

也就是说，当我们质疑生产者成本的时候，我们首先使自己陷入了一个巨大的误区，因为真正的养殖不是这样做的，甚至包括农业种植，均不是眼下某些人那样干的。事实上某些人那样干，那是他们合理利用自然的本事没有到位，是他们废物利用的水平没有玩到点。相互纠结在高价与成本的争议上，只能说明双方都搞错方向了。

先说说价格：

物以稀为贵，其实价格跟成本并没有直接的联系，而只跟市场供求平衡相关，生产过剩了，再高的成本也只能自己消化，供应不足了，再低的成本也可能有天价。价格只是一种平衡供求关系的杠杆，或者是一种营销的策略，或者是维系产品市场占有率的手段，或者是控制自我发展速度与规模的利器，或者是一种品牌品质区隔的途径，是一种工具而已，实际上跟成本没有太大的关联。买卖双方应该是绝对平等的，没有任何一方值得或非要迁就另一方，没有这种霸气或痛快你最好别干。拿成本作为高价的理由并误导消费者，感觉是弄错靶标了。相反，生产成本越高，说明产品质量问题越大，起码我是这样觉得的。也不知道大家买卖的是品质还是买卖的成本，感觉这类争论非常滑稽。咱一直鼓励自己尽力欣赏和消费高价产品，咱觉得那是一种极致的生产艺术，更是一种顶级的消费艺术。我们的农耕活动与消费体验玩味的文化艺术属性之奥妙可能也尽在此中。

也不妨公开说说农业生产成本。

快乐老家协会的老李曾经养殖过野鸡，项目论证的时候他找我咨询过，他精算的成本是每只野鸡5个月成熟，每只可长到近3斤，精确成本是25元一只，市场价格至少50元一只。很明确，利润空间是一倍，这对普通农户来说是极其诱惑人的！

但结果呢，老李亏的一塌糊涂。老李为什么会亏惨呢？

相关存活率的技术问题，姑且放一边不说。

首先咱们分析分析，一万只野鸡能一天卖完吗？回答绝对是否定的，这样一来，问题就出现了，野鸡的极限重量只能长到1.5千克，之后如果不及时出售的话，不但分销的成本会无限加大，而且，野鸡只吃粮食不长重量的成本没有地方着落了，利润空间越来越被挤压，亏本的风险自然就越来越大。

另外，市场习惯论斤论两了卖，偏偏野鸡一旦改变环境立即大幅减重，常常在家3斤的鸡到了客户那里就掉重了半斤，利润空间再次被挤压。加上小量出售的配送时车油成本、耽搁的时间等，时间拖得越久，亏死的风险就越大。

因此，产销管理与操作水平很大程度决定某些人的高价、更高价仍然亏本的事实。

之所以一直提倡"代耕"，也只为实现这一目的——人文社区、和谐的生态圈及一片相对更为纯净的天空。

四、如何突破自然农园低发展速度与高运营成本的瓶颈

所谓自然农园低发展速度，说的是个体小自然农园产品结构（品种）及产量的低发展速度，是个非常棘手的问题。农产品的特点是生产集中，成熟季节产品大量上市而且限定三五天内快速销售，而加工、储藏的投资又相对较大，持续稳定满足客户餐桌的多样性及长期需求，是个较大的难题，从而相当程度地制约了客户的发展规模。

所谓自然农园高运营成本，说的是，农庄内单一品种多种不得，多样化的品

种规模还少不得，这就更增加了自然农园生产的管理成本。加上物流、配送等，在相对较小的规模状态下，低速度、高成本是制约生态农庄发展的最大瓶颈。

解决这些问题的关键，我们管它叫生产弹性，即产品结构的多样性及产量的稳定性。没有随意放大或缩小的生产弹性，生态农庄注定陷入"低发展速度与高运营成本"的泥潭中久久难以自拔。

生产弹性之说源于"先组织客户定单再反向匹配生产规模"（代耕）的运营模式，否则，生产弹性也会陷入进退两难的境地，更不用说"随意放大或缩小"了。

技巧就在其中，一方面，我们主张自然农园化整为零，以一分为二或一分为三的设计生产结构，并提前完善产品结构，稳定生产步伐（产量），如同"前店后厂"的模式。另一方面，着力培养客户口碑，避开广告营销手段而借助口碑的力量。

如此一来，新的问题产生了——原有的一份投资，我们必须计划为二份、三份。除其中的一份定向塑造"前店"（体验农庄）外，至少还需要保留1/3甚至一半的资金实力，提前规划好"后厂"即生产弹性基地，从而使生态农庄从一开始面世的时候，就击破"品种与产量规模过小"的局限，并更大限度满足客户餐桌需求，同时还留有余地的富裕产出用来"回馈客户""塑造口碑"——例如，让先期的消费会员合理占股，不定期不定量地馈赠礼物，让客户不断获得意外惊喜，这就是我们常常挂在嘴边的"人文关怀"。其实，先期的客户应该是"最先吃我们螃蟹的人"。他们有冒险，有负担农庄初期的小规模高成本，甚至包括对我们的信任、期待和鼓励，这些都是客户先给予我们的"人文关怀"，而我们所谓的"人文关怀"，其实只是一种"报答"，难道不是吗？

更大的利益是，"后厂"的生产环境可以更好，生产成本可以更低，病虫危害相对更可控，可利用的自然森林（健康绿肥）资源更多，品种也可以更丰富。而且，有了"后厂"之后，"前店"的生产压力更小，管理成本更低，接待客户体验的时候可以更大方。如此一来，口碑会更好，"后厂"还一定程度地带动了山区的农民致富及生态产业结构的调整与升级，从而带来农民、食客、环境、社会多方共赢的较大空间，综合效益更高。

如果我们都这样想并这样去做，可良性循环、持续卓越发展的格局就形成了，初始的不利或破坏因素也更大限度地控制到最小。如果我们再有足够的预算去"回馈人文关怀"的话，这种口碑的宣传效果会远远大于任何广告的效果。

这就是为什么我们在服务自然农园开发的时候，为何常常询问大家的投资预算并最多在预算的一半以内协助大家建设自然农园了。我们期待所有的客户都能稳稳当当、顺顺溜溜、快乐进步，而不要自陷泥潭。

自然农业，如同仅能伸进一只手的抽屉里的那只苹果，想把整个苹果拿出来是不可能的，甚至还可能因此弄丢了自己，唯一的办法是把抽屉里的苹果一小块一小块掐碎了再拿出来吃掉——这叫"问题分解法"。

制约自然农业成功的变数众多，只有了解变化，知道随时转变方法，并在洞悉事物遥远结局的基础上，随时做好多种准备，这就是我们常说到的"农道"——从生产到消费的全程管理之道！无论多好的农法、农艺或商业模式，也不管我们是否承认，最终还得"到农民中去"，才是那回事。而且，此瓶颈不破，自然农业难以顺利走上正轨！

而且，从另一方面来说，自然农业自有它必然的命运轨迹。所谓高端，只不过是一种迫不得已的解决办法，那就是组织乐意付出更高成本的消费人群来支持自然农业发展，而发展的最终目的是让消费端越来越接近生产端，从而让自然农业惠及更大范围的生产者和消费者。否则，依然等于没有接到地气，注定在政治的、民生的、高消费等领域均无法忍受长期持续的高价，甚至市场也不会允许，大量跟进的或者造假的，会令这项事业很快夭折，有机食品的命运早已如此。所以，至少两年的市场提前期及成本控制，依然是值得我们高度重视的两个首要问题。

五、翅膀硬了再飞

第一步，在卫星地图上探寻好山好水之地，物色土地、环境、人力靠谱的农户，再综合好友家庭需求总量（有多少算多少），直接下单。购买"土地＋劳力"

后的自然产物，主动承担因为放弃化肥、农药及产量后的减产风险及增加的劳动成本，从涵养人心开始涵养水土！

第二步，及时投资引种。猎集周边（30，50，100千米，一定半径内）的物种，逐渐丰富生产的产品结构！

第三步，按需寻找相对破旧的老房，或维修或就地增高重建，房产的所有权送给农民，增加的面积使用权保留20～30年，足够养老度假即可。

第四步，营销"饮食健康＋自助养老"（自救）的"生活方式"，组织同类需求，再反向匹配到周边农民生产，逐渐发起"城乡互助社区"的建设。

第五步，同步组建协会或合作社获得社会团体法人资格，立项深加工并申报政府无偿划拨用地，借此整合乡村生态产业结构，并"就地产业化"发展。

第六步，逐步实现"把乡村生态产业结构的优势转化为市场优势"！

"人文关怀切入并把爱心献给自然，把信任献给农民"！就是这样来兑现的——这是又快、又省的农庄创业之路，问问过来人就会明白：投资愈大的人会告诉你这样玩节省了越多的人力、物力，反而更靠谱。

如此一来，"选地"及"如何低调切入"，对于项目未来发展的弹性空间设定就显得尤为重要了。

第四章

如何抢占自然农业的品牌制高点？

农家乐何时丢了农家味（安徽媒体）？农家乐，究竟能乐多久（浙江媒体）？农家乐缘何遭冷落（兰州媒体）？农家乐何时回归农家味（《三峡日报》）？

如此强烈的质疑，一方面是警示我们注重品质，另一方面也证实市场需求的旺盛。

自然农业的内核是生态绿能内循环，如何做实自然品质的内涵？品牌如何定位？目标客户是谁？如何围绕市场做好文章？这就是我们接下来要讨论的主要内容，期望能对大家有所启发。

先从 4 个小故事说起。

1. 农家乐的香猪母本

小香猪畅销，师傅便不惜借高利贷放大了养殖规模，担惊受怕而且累得要死不活。徒弟见状，当即自立门户，改推销"香猪母本＋技术培训"，半年营收百万，中央电视台农业频道、中央电视台财经频道、东方卫视等媒体蜂拥而至，徒弟一举成为"返乡农民工再创业典型"，还美其名也"弯道超越"。

2. 小三轮颠覆大市场

125 三轮摩托，轻便、省油，速度还不低。一对夫妇，早出晚归，在周边农村跑一圈，见什么收什么，土鸡、土鸡蛋、瓜果蔬菜等，收购价 0.6～1 元 / 千克收满一车后立即回到城市社区，销售价 2～4 元 / 千克，畅销。夫唱妇随很快卖光，每车 1 吨货物至少净赚千余元。一年不到，全城突然冒出 500 余辆这样的小三轮，弄得本地批发市场不敢外购周边农村所有的品种。

我们管这叫"自助物流"——从农村的田间地头直达城市的街头巷尾。

3. 合作社的王牌销售经理

合作社专卖店的销售经理，经常找合作社社长抱怨工资太低，我见状出了一个建议：利用专卖店的客户渠道卖其他专业合作社的产品。销售经理当即联络到很多合作社，一方面，采购对方产品，另一方面，委托对方销售自家产品。一张十分丰富的产品列表连同专卖点的产品送到了客户手上，订单随即不断，从此日进斗金还被大伙公认为王牌销售经理。

"产品交换整合营销"，即一个人一次放养一只羊变成了一个人一次放养一群羊还有一群人同时帮助放养另外的羊。"渠道切入再反向匹配生产规模"的模式从此越来越有型。

4. 小丫头的三家广告公司

小丫头开了一家农产品专卖店并频繁参加农产品会展，广采农产品样品。随即，供方开始询问产品表现，小丫头便如实告知，好处当然先说了一大堆，不过，包装问题、宣传问题、设计问题等，启发供方。供方随即认可并委托其找人规划、设计，小丫头的广告公司很快从一家变成了三家，并找人一同拿下中央电视台农业频道的某广告位。

"品牌＋广告"，小丫头正是从农业最薄弱的环节入手，可谓玩得风生水起。

第一节
破解行业难题

一、食品安全问题加剧

食品安全问题频出，环境污染日趋严重——这反而是我们涉足自然农业的机遇，千年等一回的时代机遇，潜藏在我们内心深处的田园梦想及频发的食品安全事故，恶劣的空气质量，正反两方面的力量，激励我们回归自然、返璞归真。

二、农产品生产与销售高度集中

以我对农业的了解，20亩水旱两用的土地，一对70岁的老夫妇，全年管理时间加在一起不足3个月，而且都是间歇性的，除了抢种抢收季节里忙一阵子外，其他时间基本上都是离不开但又没有多少事情可做。又例如，我亲自从事过的柑橘生产，每月均只需要几天的时间集中管理，大多富裕的时间无事可做。间歇性生产与销售高度集中又如何留住人才并持续创造价值？

三、人才与融资瓶颈

农村仅仅剩下一些妇女、儿童、老人，如何胜任农业转型、升级及市场开发重任？如何胜任季节性劳动力密集的需求？谁能"为我所用"，招之即来挥之即去且"平时自己养着自己"？

四、农产品保鲜、贮藏、物流难题

集中丰收的农产品必须及时销售，只能依靠大市场，而且，保鲜、贮藏、物流等这些相对巨大的投资，不是单一农户能承受得了的。相关产业链的配套问题，是这些说大不大、说小不小的自然农园主的头等难题，投资吧，利用效率实在太小，不投资吧，问题又无法解决。例如，西兰花成熟后如果 3 天内不及时采收的话，花一开就等同废品，这个产业必须跟冷库配套发展。基于这种状况，我们还敢种植多大规模？

五、终端客户的多样化需求

既要有荤又要有素，随着现代人们生活水平的提高，简单的荤素搭配已经远远满足不了客户的胃口了，我们又该如何去应对？

六、食品的可替代性

青菜、萝卜各有所爱，为什么我要选你的青菜而不选他的萝卜？客户偏爱的理由及对我们品牌忠诚度的塑造，也是一个漫长的过程，更需要持续地有产品和服务来维系，而农业又该如何保证天天有新鲜并花样百出的产品并跟随客户的胃口去翻新？

涉足农业，我们首先要明白，千百年来为何农业一直有问题？为啥这个行业一直没有出现好的标杆？问题在哪？我们该如何破解？

解决问题的方法，才是我们最好的产品——为什么渠道商暗自庆幸？为什么种子业欣喜若狂？为什么广告商独占鳌头？他们成功并轻松赢得持续卓越的密码又是什么呢？先让我们"牵着行业问题的鼻子走"。

农业，是深沉且智慧的全新挑战！中国新农村建设的重任，就是为了解决这些问题。扶持相关产业链配套发展，培育更多的龙头企业辐射带动，政府也在这些方面积极探索着。

如果我们遇到有人说："这都是我的错"，那么，我们完全有理由相信他在用心，在积极准备，机会最终也只属于这类有心准备的人。

解决政府想解决的问题，是有极大的成长空间的一项产业。我们投身广阔农村，恰逢其时，这是道、是势。"顺道、备力、借势、化术"的自我勉励之词，也正是在此背景前提下产生的。

第二节
经营自然农业的几个要点

　　在 2010 创业投资峰会上，深圳创新投总裁靳先生说："生态农业应该是现在的投资重点，直接关系到健康食品生产的落地。"

　　而中国旅游研究院魏先生在武当山旅游论坛上强调说："自然、自然大自然；生态、生态深生态；文化、文化真文化；生活、生活真生活。"

　　农业既是社会之本，又关乎民生社稷。这让我们不难理解：无论我们愿意或不愿意，自然农园都具备一定的社会功能，周围的农民乃至地方政府，都对我们抱有较高的期待和要求，而我们的首要责任就是辐射带动地方民众，搞活一方水土并推动食品安全生产及文化传承——这些来自社会的无形期待及要求，也不是我们想躲避就能躲避得了的。

　　牵手农业你就得硬着头皮上。所以，我们常说，"农业是深沉且智慧的全新挑战"。更关键的内涵是"要低调"。见过太多矫情显贵、装大摆阔的新农人，有投资 1 650 亿元玩 7 000 亩农庄而玩停摆那类人，是目前这类不良表现中最为夸张的一例。这更能警示我们对农业要冷静，对农民要谦逊，要低调，如履薄冰般地全面审视农业并端正心态。

　　自然农业炼就的是一种功力而不是功利，慢慢爬，才更快！社会人文关怀的价值体现，才是我们成就自然农业的唯一出路——"人类理想生存社区"模式的探索是我们投身自然农业的首要责任。

一、一个核心，品质决胜终端

新时代背景下，表面浮华的功利主义早已让人们产生了极大的欣赏疲劳，而随着信息与交通的巨大改善，回归自然，返璞归真，已成为未来人类社会生存形态探讨的焦点，可持续的自然环保、自然农业等项目必然显现前所未有的发展前景。

我们认为，成就自然农业的核心是品质而不是产量、规模，也只有先具备了品质的生产，才具有发展生产规模的前提。因此，排毒去污、恢复生态、保护性利用及开发并让产品的消费客户完全信赖，是我们要最先去做，也是必须做到的第一步。

环境污染问题、食品安全问题、社会诚信体系崩溃的现实，成全了我们推行农业品质化生产的大势。也就是说只要我们有了品质，就不愁找不到消费这种品质的客户。也只有精心呵护产品的品质，才能体现我们对客户尊重，也才可能赢得市场的信心。

特产与特供开始成为人们关注的焦点，2008 年的国际奥运会及 2010 年的上海世博会，食品特供给大家提了个醒，越来越多有能力追求高品质生活的人，开始寻求食品安全自救，这已经形成一种趋势。一定程度上还可以这样说，广大爱好者投资生态农业，就是冲着寻求高品质食品及生活方式而去的，就是食品安全自救群体的先驱、弄潮儿。

只是，我们可能无意踏入了国家新农村建设的洪流之中，由不得我们不事先考虑好我们的社会角色及社会责任的定位。那种在人家的地盘上"独享安逸"的自私行为，恐怕原住民是不会真心欢迎的。

二、两条出路，扩展生存空间

第一条为整合行业资源，打造行业生态链；第二条为延伸产业边界，拓宽价值赢收点。

我们一再强调：农业的出路是合作、合作、再合作！

"整合行业资源"，终端客户多样化的需求，食品的可替代性及农产品销售高度集中的等问题，促使我们这样思考和定位。而提高农民组织化程度，走合作共赢的道路，是"农业发展的唯一出路"。

而这种合作的目的，就是"抱团取暖"，再内部"互通有无"，即"产品交换整合营销"，"把一个人一次放养一只羊变成一群人一次都放养一群羊"，共同塑造出"多元化产品结构的优势"，再转化为市场优势。这种资源整合的过程及其行为价值倍增的效益，就是我们强调的"行业生态链"。行业生态链对称的是城乡要素（不一样的商业模式），即在农业的生产、供应、销售全程中建立良好的客户关系，培育持久忠实的客户。

"延伸产业边界"很容易让我们理解。例如，采摘、垂钓，都是传统农业产业链的边界延伸。但如何更深层次的延伸，就需要我们的创意了。例如我们曾经设计的"八卦阵葡萄园"，在葡萄生产的基础上，又增加了"采摘体验"和"购买门票有奖破阵"的两项收益，大大丰富了客户参与的趣味性，还一定程度地延长了客户滞留的时间，提高了餐饮等服务的效益，并通过口碑传播吸引更多人前来体验。

三、三大要素，包揽乡村资源

1. 乡村民俗文化大舞台

文化传承是自然农业的主要元素，即全面整合地方民俗文化要素，例如传统的加工、酿造、制作等民间工艺，集中展示，从而达到文化保护、客户体验、青少年生态教育实践等终极目的。

2. 生态博物馆

往小了说，即地方优势产业结构的集群。往大了说，就是生态博物馆。它的核心是重塑生物多样性，着力恢复生态自循环系统，从而获得自然力的有效支持。这更是我们农耕活动所渴望的产品结构，又是一种活的、永不落幕的农产品及品牌展馆。

3. 自然景观嘉年华

"历史人文＋自然环境＋现代切入手段"的特色景观，表达了过去、现在，这里的人民是如何敬畏自然、顺应自然、保护自然的。

它不是刻意的修饰和表面的镶嵌，而是把我们想表现的人居、民俗、农耕活动等巧妙地融入自然，最大限度地展示人与自然的关系并着力张扬自然亲和力的价值，并使其每一出产均能感动客人偏爱，并产生强烈的"爱我一方水土"的意识及消费热情。

这三大要素的有机整合，就是我们强调的乡村产业结构的优势，也是我们说到的行业资源整合的目标。

四、四项方针，提升品牌核心竞争力

1. 融文化

文化，我理解其实就是一种信仰，并通过我们塑造的一些表现手段把这种信仰文化传递给更多人。

自然农业的使命就是让更多人了解传统栽培文化，是项目的灵魂，这也是我们自然农业的核心价值所在。

我们的农庄不是简单的餐饮消费体验，而是以传统农耕文化体验为主。我们把自然农业定位为"休闲人的休闲生意"。即寻找相同志趣的合作者，共享传统文化的归宿感！自然农业的终极目标就是塑造一种休闲文化的归属感。

例如，湖南省石门县的璞谷生态农庄，在展示其收藏奇石的基础上，引入自然农业种养并切入农庄经营，逐渐与周围的旅游景点捆绑起来，取得了良好的效果。甚至连"璞谷"的注册商标都是贾平凹先生在欣赏了庄主的收藏后即兴而书。可以说，他的农庄不但成为石门县的一张亮丽的名片，甚至成为常德乃至长沙的一张名片，去湖南或者常德、石门旅游的游客，知道的人是一定要到他那里游览一下的。正是这种文化体验的切入方式，有效地带动了地方自然农业产销两旺的良好局面。

有文化的概念不是高学历，可能是一个木匠或者果农，对生活的感悟。勇敢的尝试，执着的信念，也是文化。

哪里都有好山，哪里都有好水，而唯一难以被模仿的只有我们的人文开放的精神和文化的沉淀；我们所说的乡村要素，不是好的山水和地方特产，而是我们乡村的历史人文的传承——从古到今我们为自然做了什么，有哪些人杰地灵的生动故事等。

总之，地方历史人文传承及顺应自然的朴实民风、道德信仰，是自然农业成功的关键，更应该看作是道德、信仰的一种投资。没有文化信仰，自然农业的机会不大；并且，传播文化信仰，也是我们发展自然农业所追求的一种理想的生活方式和使命。

2. 塑品牌

什么是品牌？品牌是无形的，它是我们最擅长并真正能做到极致的那件事情，是客户对我们综合行为的理解并在心目中用文字概括出来的一种深刻的印象。它是我们在漫长的积累中逐渐塑造出来的一种有形、有声、有色的精确定义，最后才浓缩为商标名称或公司的名称，这就是笔者对品牌核心内涵的理解。

例如，大家对我的印象就是我个人的品牌，试问大家一下，在你的心目中，我目前的品牌究竟是什么？是老何？还是全息自然农法？还是快乐老家？还是先锋人士社区？

其实，这几组词条，在广大关注者的心目中早已融为一体了，或者都是，或者只是其中之一！或者还什么都不是。

想要做好品牌营销，我们必须给自己的大脑装上"品牌管理"的系统，如同电脑系统，不同系统的电脑可以胜任的工作是大不一样的。这就是我们常说的"知识结构"，不同的知识结构有它固有的价值和使命。

品牌的管理，是包含我们全部的行为价值及其沉淀的口袋，是价值沉积的仓库。我们创业行为过程中所有的故事都将由品牌来沉淀，这就是品牌的价值。

塑造品牌的终极目标是客户的归宿感！成功地塑造出一个品牌，首先要求我们高度重视客户利益，真诚服务客户需求。用心、从正万事顺，说的就是这个道理。只要我们至始至终坚守"经营人心，销售人品"的理念，就一定会有好结果。

由于自然农业在全国的同质化程度越来越高，同行业的竞争正快速加剧，差异化、可操作性、可持续性、可复制性等，都需要我们抢先一步做足功课，并围绕我们想塑造出来的品牌主线来定位——即我们想做什么？能做什么？最能做到极致的成果会是什么？能找到"与众不同"的"品牌"并让广大的客户信赖你能做到更好，你就成功了一大步。

另外，做品牌的重点就是做好软实力，"务实、务虚、不务空"——就是提醒我们在重视务实的前提下还要重视务虚，重视品牌软实力的塑造。

有品牌的营销和没有品牌的营销，效益暂时可能没有太大区别，但效果截然不同。我们常常说到的"不看效率只看效果"，可能在品牌营销方面，就更容易区别效益与效果的价值了。

我们在这里说这么多，只是想告诉大家要重视品牌的价值，要重视学习，要细心地寻求行业标杆（榜样），不断在思想认识的层面上丰富自己，提高自己，使自己的人格内涵及行业认识的沉淀逐渐饱满并焕发魅力，从而感召我们渴望赢得的市场资源。营销的最高境界恐怕正是这种人格魅力的营销，这也是我们品牌的核心价值与内涵所在。

学习，也是完成生态人脉圈建设的重要过程，那就是良好的人脉关系。有人曾经问我，我们最大的自信和优势是什么？我回答说：就是我们随时随地可以找到需要的批评和建议。这就是生态人脉圈，也是信息对称的一种平台，那就是利用网络工具来学习，在学习他人的过程中端正心态，虚心请教，从而营建我们需要的良好人际关系。很多人不爱学习，不重视信息对称的建设，等于是主动让路。

3. 搭平台

自然农业是乡村生态资源整合的平台，人才成长的平台，投资放大的平台，品牌展示体验的平台。

自然农业是为满足人们精神和物质需求而服务的，对提升国民的审美能力和环保意识起到了与媒体同等重要且不可替代的作用。

"自然农业"注定是"地方农业产业结构"整合的平台，还是一种"展示与体验经济"的平台、"城乡要素对称"的平台，它强调客户的"文化体验"和"参与感"，对提升农耕文化和影响有较大的"社会功能"。终端客户多样化的需求及食品的可替代性特征以及农业生产与销售高度集中的压力，促使我们自觉走上行业资源整合的轨道上来。另外，没有哪一个个体可以满足客户多样化的需求，这就注定我们要广泛地与当地农民有一种相对紧密的合作。

人在江湖身不由己，用在这里是再适合不过了。一棵大树的种子是没有办法变成小草的，我们注定要为小草们去遮风挡雨。这如同我们一出生就是男婴，就注定我们永远做不了母亲是一样的道理——这种社会责任不是我们想躲就能躲的。自然农业从一出生开始就注定要成为一颗庇护小农的"大树"。

因此，新农人投身自然农业相关的项目及其角色、功能定位，注定都具备了一定的社会性功能，它抓的是眼球，探索的是传统农业转型、升级的"商业模式"。如果我们仍然抱着个体小农意识，那注定我们走不远。目前，大多定位在生产型或者单纯餐饮型的自然农庄，进退两难就是错误定位的必然结果。

目前，由于多方面的原因，走向乡村的人越来越多，自然农业备受关注，而先一步投身到这一行业的人们则焦头烂额，四处碰壁，苦不堪言。产销规模难以同步增长的问题，品质生产与客户对称定位的问题、成本的问题、产销高度集中的问题、人才资金的问题等，诸多问题纠缠着大家总是在死胡同里打转。

与自然农业竞争的还有普通农业，农民可以忽略劳动力成本，在土地还有补偿的情况下从事粮食、蔬菜的生产，可见，普通农业具备了不可复制的成本优势。

另外，农民的家庭经济模式，可谓是完美的产业结构模式，值得我们借鉴。广大农民根据长期积累的经验，把农业的种养结合得天衣无缝，而在规模上各有偏重，各种投入和利用，更是精打细算，无懈可击。附加外出打工的收入补充，构成了相对稳定的家庭生产结构。细分普通农业这种产品结构模式，我们不难发现，这种看似落后的家庭经济模式，有着强悍的抵抗自然风险和市场风险的生命力，更是千百年来广大农民的农耕智慧沉淀的结果。

家庭经济模式看似没有规模但千家万户叠加在一起，如同蚂蚁搬家，人多力量大。任其他投资型农业的资本如何强大，资源如何强悍，如果定位在普通农业同等质量和市场的产销模式上，无疑是跟广大农民在同一口锅里抢饭吃，更如同螳臂挡车，自寻死路。

自然农业难道不正是把散落在千家万户家庭中的这种"产品结构"的优势升级后再整合、放大后投放到市场吗？

而当我们了解了自然农业的平台定位，就不难明白如何"把地方产品结构的优势转化为市场优势"了。我们在此强调的重点是"市场优势"与"产品结构优势"。

因此，认识自然农业这种平台角色定位很重要。自然农业本身就是普通农业的转型升级产品，它取材于良好生态环境与普通农业，目的是"把客户请进来"，把我们的优势（产品及服务）通过体验消费的形式塑造出良好的口碑并传播开去。它的社会功能及存在的价值就是示范和带动地方普通农业整体水平有相应程度的提升，如果我们忽略了这个与生俱来的使命，那么等待我们的就一定是艰难和困苦。

4. 做接口

俗话说，"思想高度决定行为的价值"。有什么样的思想认识高度，就有什么样的资源在寻之对称，这种思想高度的培育，就是在塑造接口，而强强联合就是这种对称的游戏规则。

我们的全部努力无非就是"对称城乡要素"。但是，如果我们把土地或项目或其他所有的乡村要素（资源）称为插座的话，那么，我们需要的人才、资金、渠道、客户这类城市消费或投资等资源，就等于是插头，如果我们没有做好合适的插座，那么插头是不会找到我们的。

这里所说的接口就是我们的团队结构、股份结构与独特的商业模式等所有"软实力"的综合，也是我们品牌的核心价值所在。这个接口问题就是解决我们资金问题、人才问题的关键问题。

曾经发生在我身上有这样的一个故事，当我把项目设计到投资公司十分满意后，投资公司对我说还是不能给我投资。我问为什么？人家不客气地回答说："假如你哪天被洗脚妹给捅了，我们的资金怎么办？你还需要一个结构顽强的团队"。

创业的过程等于修行，在修行中修心，就是不断提高我们的行业认识和思想高度，不断攀登行业认识的高峰，说穿了就是在塑造强强联合的接口。而人文开放的精神与高度专注行业的敏锐就是我们获得这种认识高度的心理要素，也是职业素养。寻找行业标杆并不断学习、不断求索认识的高度，是我们成功的保证。

五、五大措施，抢占生态行业品牌的制高点

1. 讲诚信

《易经》："信赖乃第一亲，有了信任，便不必有很多的财富，因为他知道，可以依赖帮助，随时得到他的所需。"

我们说到的品牌制高点，其实只是一种资格。资格是什么？简单地说，资格就是我们的产品与服务被客户信赖的程度，即信誉度。这才是可持续卓越发展的根基，也就是我们一再强调的诚信体系的建设。例如，产品质量控制体系。曾经有不少的人真心在生产有机食品，可产品生产出来后卖不出去，自己又消化不了，只好送人甚至任其烂掉。问我如何销售有机食品的还不止一家，问题出在哪呢？难道不就是这个诚信体系没有提前营销或者还没有得到客户的认同吗？

诚信是本，更是一种资格！我们平常积极争取的认证或评比，无非是用高度的诚信谋求社会更广泛认可的资格。

诚信体系的建设，需要我们放眼更为久远的利益并格外重视客户的价值，需

要我们坚定人文关怀的良好心态。如何把我们的长期利益和短期利益有机地结合起来，以什么样的姿态和担当来承担这项事业应该承担应有的社会责任，恐怕是我们赢得市场持久信赖的基础。

天真无邪会招来好运和成功，在精神和日常生活中，都如同在自己家里一样真实，获得了这样的从容，并超然于劳苦之外，天底下的所有原则也就掌握了，"天真无敌，宁静致远"。

2. 高定位

关于区域品牌的定位，我们可以把自然农业项目放到城市品牌建设的大环境中来定位，把我们开创的项目作为城市亮丽的名片来塑造。如果我们有更高远的品牌定位，那就需要我们把行业问题作为己任，面对问题我们要勇敢地对自己说："这都是我的错！"这无疑是提高我们行业视野及认识高度的基础，从而使我们获得操作运营水平的提高；另外，全国品牌定位就需要我们将自然农业项目的发展放到全国农业的大环境中去定位。

不少人知道"塔莎奶奶"的故事，她代表一种极致的"自然乐活方式"，有关她的书籍光碟等，竟然卖疯了全球，这无疑能让我们找到一些新的启示：我们是在做"自然农业"还是在塑造"理想生存方式"？我们又该如何体现这种"理想"？

如今，国际品牌已经开始渗透到乡村了（例如，服装、快餐、电器等行业），由不得我们不思考和好好把控我们的品牌定位；不思进取就等于是拱手让路，我们随时都有可能被超越、被淘汰的危机和风险。

3. 宽布局

管理学大师里维特（Robert J. Rivet）说："铁路工业停止了增长，并非是因为转运乘客和货物的需求下降，而是铁路不能满足转运乘客和货物的需求。结果，公路、航运等其他运输工具便取而代之，以来满足转运乘客和货物的需求。"

从中我们可以发现，铁路的经营者认为自己是在'铁路'产业而非'运输'产业，这使得他们无法创意性地随着变化的时代而变化。里维特运用了铁路的例证来解释其他行业，得出了一个结论："一个组织必须学会思考自己的'销售行为'是在'购买消费者',是在组织和培育忠实的客户,而不仅仅只是在提供产品和服务,只有这样才会使得别人'乐意'与其交易。"

这里说的就是产品在市场上的定位问题,简单理解就是,柑橘产销应该先在柑橘行业内定位,再在水果行业定位,再在食品行业定位。只有这样,我们才可以分析出我们的柑橘产品在市场上的地位与优劣势等。

我们都知道,无论在哪个地方,最重要也是最先有的就是农贸市场,那是人气的聚集地,是供求的聚集地。

市场可以概括为同类产品的集中地,如同一百个柑橘只有一个可以在该卖出的时限内最先卖出去,我们该如何去保证那最先卖出去的柑橘是我们的呢?拼规模?拼成本?那就需要专业合作。

当我们明白把产品置入食品市场的定位后,情形又会大不一样了。由于需求的多样性与食品的可替代性特点,即使没有了柑橘,广大消费者可以选择苹果。没有了鸡,消费者可以选择鸭。这就需要在专业联合的基础上再横向联合,从而形成食品市场。

因此,瓜果蔬菜,鸡鸭牛羊等,均应该定位在"食品市场",而且,均可能做到丰富多样、应有尽有,从而打造出真正繁荣的优势。

满足多样化需求的特点,即把这个"丰富多样、应有尽有"的特点浓缩再浓缩、提纯再提纯后,绕开竞争剧烈的大市场,直接配送到目标客户需求的餐桌上、超市、酒店等终端货柜上。或者把自然农园直接市场化、市集化,即我们把自己的产品结构做成市场。

这就是我们要为之努力塑造的"产品在食品市场的定位"与"产品结构的优势",如果我们明确了这一定位并塑造出这种能满足多样化需求的"产品结构",那么,市场"供求集中"的效应就可以立即体现到自然农法产业中及农庄里来了。

这里的"产品结构",不一定全部是我们自己亲自生产的,谁也没有办法完成得了这等"产品结构",它允许联合也必须在互助的情况下才可以实现。

让我们在"食品市场"中去定位并迎接"百里挑一"的剧烈市场竞争。

正是瓜果蔬菜、鸡鸭鱼肉等食品生产与销售的高度集中问题、季节性间歇问题、食品消费需求的多样化的问题及食品消费可替代的特性，让我们开始了"产品结构优势"的塑造，这一概念的形成，让我们对市场有了全新的了解，甚至可以说是"破译了市场密码"。例如，单一产品的规模（从运输成本上考虑需要这一规模），在寸土寸斤的超市卖场或天天更新的酒店，是很难被接受的，不但需要高额的进场费，也还有漫长的账期。但既可以满足运输成本要求的规模、又可以满足终端客户多样化需求的系列组合产品即产品结构，终端客户求之不得的，甚至可能会免去很多可以免去的相关费用。因为，多样化的产品结构不但解决了终端货柜的紧张，还极大地帮助客户突出了产品特色等很多问题。

因此，合理结构的系列组合产品，可以满足超市与超市之间、酒店与酒店之间的剧烈竞争产生的对产品特色的需求，还可极大的体现出这类客户对提高自我核心竞争力的渴望，从而受到欢迎。这样，我们就等于"把产品结构优势转化为了市场优势"，全部的技巧均在"产品结构的科学组合"上，这一优势还能体现我们对客户价值高度重视，从而培育出大量忠实客户并促进我们顺利搭建"行业生态链"，进入高效运营的模式轨道上。

这就是'使别人愿意与其交易'即客户偏爱的理由，那就是我们产品的品质，广大农民并不是没有技术或者找不到办法生产有机食品。只要我们增加一个想法或者再往前一步，把"生产销售"当作"采购客户"，促进客户主动组织起来，再根据对产品质量的要求来匹配生产要素，展现在我们眼前的就会是另外一片无限美好的前景。

做足了上面的功课，就该组织生产了，即根据客户需求及组织到的需求数量，匹配生产规模。这里的生产，其实早有。我们增加一些限制或标准，就可以把已经有的生产恢复到符合市场客户需求和意愿的轨道上，从而完成对生产客户的组织，当消费客户与生产客户均组织起来并完全匹配后，我们的农业所渴望的城乡互动、要素对称，也就轻松实现了。

4. 渠道切入反向匹配生产要素

在一开始我们讲到的"合作社的王牌销售经理"、"小丫头的三家广告公司"两个故事里，我们可以看到，渠道端永远掌握着绝对的话语权。生产者为了摆脱总是被渠道商盘剥的被动局面，唯一的出路就是从攻克行业最薄弱的环节入手。例如，自助物流配送、品牌管理和客户组织等方面，相对农业来说，无疑是最薄弱的环节和瓶颈，着力打破这个瓶颈就是为了"搞活"。

所谓渠道切入，就是以最贴近市场的方式去了解客户需求，强化我们对客户的组织能力，从着力维护客户价值来聚集消费者。同时，强化信息化智能管理，成就一个完整的信息通路，再反向匹配上游的产品生产资源，从而降低中间成本并逐渐延伸产业的边界，快速营建城乡要素的对接口，实现借资源增长而非自主投资的方式获得企业的快速成长及可持续发展。

"借资源（即生产与消费的双边客户）增长而非自主投资的方式获得企业的快速成长"——这是一个多么吸引人的业务拓展模式？但做到这一点，需要我们首先明确目标，即弄清楚我们在生产什么？为哪类人生产？

枝江市淯溪红柑橘专业合作社社长李先生，利用椪柑果园养殖野鸡。按照预算，四五个月的养殖周期，每只野鸡可以长到两斤八九两左右（最高质量），成本在25元/只左右。他们养了2 000只，规模不算大，但也不小。养殖是成功的，并且也在预算之内。

接下来就是解决销售问题了。野鸡很容易掉重，一旦换了新环境，就不吃不喝，故意与人憋劲。所以，野鸡不适合按重量计价来销售。后来，客户认可了他们按只论价并以50元/只的价格送货上门的服务。按说，毛利25元/只，效率是相当可观了。可是，最后他们仍然亏了，原因是他们卖了半年还没卖完，野鸡还只吃食不增重。

由此看来，我们的农业出路真的很窄。靠规模走大市场吧，2 000只野鸡还远远不够。而且大家拼着成本，生鲜食品保鲜是问题，耽搁不得，动物还极容易掉重，都需要急着出售。这就是我们农业的软肋，是"农产品生产及销售高度集中的问题"所带来的弊病，早被市场摸透并给掐死了脖子，广大农民甚至连喘息的机会都少有，除非天气等关键性的环境要素发生突变，例如突然的大雪封路，侥幸进入市场里的产品可能有一次咸鱼翻身的机会。

我还真的亲自遇到过这样的巧合。2008 年元旦前后，湖南芦溪椪柑，一根筋地每天发五万斤椪柑到北京新发地，还一根筋地坚持一个价位不变，不管浙江椪柑如何低价倾销，也不管卖不卖得掉，反正北京新发地刚好适合椪柑保鲜，只当是天然的储藏库了。事情最后还真巧了，一场大雪，北京市场蔬菜、水果均被抢购一空。芦溪椪柑十分幸运地平均每车赚了 15 万，从此还站稳了北京新发地市场，这对湖南柑民可谓是一大喜事。

5. 创一流

一流是榜样，是典范，是标杆——这也是我们塑造品牌的最大愿望！

看一些大品牌的营销口号我们发现，有的在说"做绿色产业的风向标"，有的在说"寻找绿色力量"、"打造未来人类社会生存形态探索的焦点"，新一轮的跑马圈地就是抢占品牌的致高点，争做行业标杆。大家花样百出，无非是为了"牵动社会的神经"，特别是"牵动媒体的神经"（做成媒体关注的焦点就等于是免费广告——这就是品牌自动营销的品牌力），以获得最经济的眼球效应。例如，浙江三门县某合作社为争取"中国西兰花之乡"、"中国黄秋葵之乡"，促进地方领导为了帮助他们，在北京住了一个多月。很多合作社的主导项目产品还在规划中，地方政府就提供了产品标准的模板；他们还设立重奖，以鼓励农业创业者注册商标，完成产品质量认证等。

竞争是动态的、广义的，如果我们不进步，就等于是主动让路，也一定会被淘汰出局。创业，本身就是一条没有终点的道路。我们的诞生就是不断为解决一个又一个的新问题而存在，从而获得的饱满的自我内涵。

自然农业这个行业更需要典范，也呼唤标杆，如果我们乐意打造自己成为这样的榜样，那么，我们无疑会得到政府的大范围推广，这是再好不过的免费营销，我们称之为"争取政府营销"。这就是借力，借势。

后 记 | HOUJI

把爱心献给自然，把信任献给农民！全息自然农法源于自然，回归自然，从农民中来，到农民中去。

全息自然农法源于自然生命顽强生存智慧的启迪，融汇了笔者十多年实践的感悟。全息自然农法的宗旨就是还原农耕种养的"自然利用"本来属性，以求更低投入，生产更高品质的食材。

全息自然农法的宗旨是同步兼顾生态、生产、生活健康，致力高品质农人、农品、农道的培育。把山村生态产业结构的优势转化为市场优势，打造城乡互助新型人文社区——即人类理想生存形态。

本书之前未公开发行，只是被作为我们快乐老家农牧专业合作社的《社员手册》，受一位高人指点才笨拙地编著成此书。当是抛砖引玉、以文会友，期待能借此书广结善缘，感召更多志趣相投的自然农法爱好者一起来完善她，共同努力开拓全息自然农法的运用空间，从而惠及更多民众。

本书通过笔者讲述数十年来涉农的亲身故事，把一位普通农人从自建农庄开始，到带领农民协会、合作社从神农架走向全国各地的心路感悟，倾情奉献出来。其中，将笔者研发的"品牌管理模板"、"行业生态链模板"、"产品交换整合营销模板"、"消费需求反向匹配生产规模模板"、"数据库精准营销模板"等，穿插在大量的鲜活案例中加以深刻的剖析，力求更加简练，使广大农民朋友一看就懂，一试就灵。

本书适合农民专业合作社、农业创业者及涉农企业管理者参考、交流、探讨及培训，能一定程度帮助自然农业从业者转变观念、提高思想认识，进一步拓宽视野，更好地发现和管理价值，促进社会新农业文明。

如果你也是一位立志三农事业的创业者，如果你也想为新农村建设做点什么，那么，我们真诚地邀请用心读完本书后及时与笔者交流：307535215@qq.com.

谨以此书献给那些行走在新农村建设阵地前沿的农民朋友及广大农业创业者。同时，本书期待能帮助那些长期辛苦着的三农事业伙伴们轻松步入更加广阔的生存空间并尽快走向卓越。

由于笔者能力有限，文章中难免存在很多不对的地方，请读者多多指教。

更多即时互动与案例分享在 http://blog.sina.com.cn/kllj000（全息自然农法）

新浪微博：@ 何以兴农。

微信号：hexing1216。